可再生能源应用技术

吴金顺　著

中国矿业大学出版社

·徐州·

内 容 提 要

随着社会的发展,人们生活质量的不断提升,人类对建筑热环境的要求不断提高,对能源需求也日益增加,导致化石能源被大量开采,能源成本不断上升,造成环境污染问题频繁发生,也给生产生活带来了巨大的压力。太阳能、生物质能、空气能等可再生能源与现代新农村、装配式、低层办公、厂房等建筑一体化相结合,是解决这些建筑冷暖、发电、供热水等需求的优选方案,是化石能源的有益补充,是缓解环境、经济压力的重要措施,是国家甚至人类可持续发展过程中的必然选择。本书对这几类可再生能源的应用展开了研究,为可再生能源应用技术的发展提供了思路。

本书可供新能源技术相关的高校师生和研究人员参考使用。

图书在版编目(C I P)数据

可再生能源应用技术 / 吴金顺著. —徐州 :中国矿业大学出版社,2020.6

ISBN 978 - 7 - 5646 - 4763 - 6

Ⅰ. ①可… Ⅱ. ①吴… Ⅲ. ①再生能源—研究 Ⅳ.①TK01

中国版本图书馆 CIP 数据核字(2020)第 098117 号

书 名	可再生能源应用技术
著 者	吴金顺
责任编辑	吴学兵
出版发行	中国矿业大学出版社有限责任公司
	(江苏省徐州市解放南路 邮编 221008)
营销热线	(0516)83884103 83885105
出版服务	(0516)83995789 83884920
网 址	http://www.cumtp.com E-mail:cumtpvip@cumtp.com
印 刷	江苏凤凰数码印务有限公司
开 本	787 mm×1092 mm 1/16 印张 10.25 字数 195 千字
版次印次	2020 年 6 月第 1 版 2020 年 6 月第 1 次印刷
定 价	45.00 元

(图书出现印装质量问题,本社负责调换)

前　言

随着社会的发展，人们生活质量的不断提升，人类对建筑热环境的要求不断提高，对能源需求也日益增加，导致化石能源被大量开采，能源成本不断上升，造成环境污染问题频频发生，也给生产生活带来了巨大的压力。虽然对能源的需求在不断提升，但大部分人对能源及热环境的认识还没有同步跟上，错误地以为只有化石能源才可以解决各种问题，形成了凡供热必须烧煤、凡制冷必须耗电等惯性思维，直接或间接造成了化石能源消耗过多、可再生能源发展缓慢、对可再生能源了解不够的现象。目前已经出现了大面积石油、燃气供暖，甚至电供暖的种种怪相，导致高品位能源没有阶梯使用，造成大量能源浪费。

诚然，从品质上看，可再生能源不能和化石能源相提并论，可再生能源存在能量密度低、难以收集、技术环节要求高、受环境影响等不足，但可再生能源同时还具有量大、可再生、绿色环保、免费等天然优势，仅凭这些优势，就值得人类为之而不懈努力。可再生能源发展到今天，已经取得了长足的进步，无论是集热材料，还是生产工艺，都有了质的变化。从太阳能只能提供低温热水到可以提供高温热水（常压 100 ℃），再到太阳能晶体板发电、太阳能膜发电、光电/光热一体化、生物质低温催化燃烧、太阳能吸收式制冷等多种可再生能源利用技术，这些技术成果在化石能源仍占统治地位的时代，无疑是能源大厦中最为璀璨的明珠。

自古以来，人们生产生活都遵循着"量体裁衣""各司其职"的规律，能源使用也不例外。化石能源作为高品位能源，可以用来解决动力、高温、做功等问题。可再生能源作为低品位能源，可以用来满足供暖、低温热水、梯级预热等需求。不同品位能源应发挥各自的优势，把能量充分利用起来，以满足不同领域的需求。随着建筑本体热工性能的提高，单位冷热负荷指标的不断降低，如果仍然利用石油、天然气采暖，甚至用高品位电能加热供热无异于暴殄天物，与时代发展要求严重背离。

太阳能、生物质能、空气能等可再生能源与现代新农村、装配式、低层办公、厂房等建筑一体化相结合，是解决这些建筑冷暖、发电、供热水等需求的优选方案,是化石能源的有益补充,是缓解环境、经济压力的重要措施,是国家甚至人类可持续发展过程中的必然选择。通过"英国贝丁顿零能耗社区""亚马逊零能耗总部""阿姆斯特丹智慧能源中心"等成功案例,让我们有理由相信,可再生能源是完全可以解决人类的大部分能源需求的,也完全可以为人类所掌握并为社会服务。

当然,可再生能源还存在很多问题,部分材料、设备依然造价高、技术运用复杂、受环境影响大等,仍需要更多的人投入更多的精力逐步攻克一个个难题,最终迎来可再生能源的全面应用。

本书的完成凝聚了团队多位老师的心血。团队负责人北京工业大学潘嵩老师,在研究方向和技术攻坚上贡献了许多智慧,付出了无数的汗水;瑞典达拉纳大学张行星老师在研究过程中持续给予指导,提出了很多有益的建议;此外,还得到了北京市住宅建筑设计研究院有限公司李庆平主任的大力支持,魏鋆教授、张维亚教授也为本书提出了宝贵意见,在此一并表示感谢。

北京市住宅建筑设计研究院有限公司李庆平主任参与编写了1.2节,王国建高级工程师参与了4.2节智能系统建设和实验数据分析工作,秦以鹏工程师参与了2.4节太阳能建筑一体化实验系统搭建和数据分析工作;研究生王新如、常利、吴婉参与了6.2节 PV/T 系统建设、数据测试分析工作;华北科技学院吕闯老师参与了2.2节热管太阳能建筑一体化技术研发工作;研究生曹义娟参与了书稿的整理工作,在此向他们表示感谢。

本书所述内容,仅仅局限在太阳能光电光热、空气源热泵、低温辐射采暖、生物质低温催化燃烧等方面,所涉及的领域有限,还不能代表整个行业。限于作者水平,书中所陈述的一些观点可能存在以偏概全,其中错误之处在所难免,希望各位读者在使用过程中予以批评指正。

作　者

2020 年 4 月 20 日

目　录

第1章　概　　论

1.1　可再生能源

1.1.1　可再生能源简介

可再生能源是指自然界中可以不断利用且循环再生的一种能源,如太阳能、风能、水能、生物质能、海洋能、潮汐能、地热能等。随着 1973 年世界石油能源危机的出现,人们开始认识到可再生能源的重要性。在人类历史进程中长期依赖的都是可再生能源,如薪柴、秸秆等属于生物质能源,还有水能、风能等。这些能源大部分来自太阳能的转化,是可以再生的能源资源。

1.1.2　我国的可再生能源现状

我国水能的可开发装机容量和年发电量均居世界首位[1],太阳能、风能和生物质能等各种可再生能源资源也都非常丰富。我国太阳能较丰富的区域占国土面积的 2/3 以上,年辐射量超过 6 000 MJ/m^2,每年地表吸收的太阳能大约相当于 1.7 万亿 t 标准煤;按德国、西班牙、丹麦等风电发展迅速的国家的经验进行类比分析,我国可供开发的风能资源量可能超过 30 亿 kW;海洋能资源技术上可利用的资源量估计为 4 亿～5 亿 kW;地热资源的远景储量为 1 353 亿 t 标准煤,探明储量为 31.6 亿 t 标准煤;生物质能源包括秸秆、薪柴、有机垃圾和工业有机废物等,资源总量达 7 亿 t 标准煤,若通过品种改良和扩大种植,生物质能的资源量可以在此水平上再翻一番。总之,我国可再生能源资源丰富,具有大规模开发的资源条件和技术潜力,可以为未来社会和经济发展提供足够的能源。

1. 太阳能发电

太阳能发电主要有光热发电和光伏发电。光伏发电主要集中在研究新材料、新工艺、新设备等方面,以提高电池的转换效率和降低制造成本[2]。我国的太阳能电池技术是在借鉴国外技术的基础上发展起来的,通过大量的研究取得了很大进展。

光热发电是指利用大规模阵列抛物镜面或碟形镜面收集太阳热能,通过换热装置提供蒸汽,结合传统汽轮发电机的工艺,从而达到发电的目的。采用太阳能光热发电技术,避免了昂贵的硅晶光电转换工艺,可以大大降低太阳能发电的成本。而且,这种形式的太阳能利用还有一个其他形式的太阳能转换所无法比拟的优势,即太阳能所烧热的水可以储存在巨大的容器中,在太阳落山后几个小时仍然能够带动汽轮发电。

2. 风力发电

风能是近期最具开发利用前景的可再生能源,也是 21 世纪利用技术发展最快的一种可再生能源。风力发电的研究主要集中在提高功率和效率、扩大风速利用范围、改良机组性能和装备系统等方面。我国风力发电起步晚,但是发展迅速,面临的最大问题是缺乏大型机组关键技术,同时在风电场的选择和建设上缺乏科学的标准规范。

3. 生物质能发电

生物质能发电是利用生物质燃烧或生物质转换为可燃气体燃烧发电的技术,主要有直接燃烧、混合燃烧和气化发电。

秸秆发电是利用秸秆产生热能而转化为电能。1 kg 秸秆每小时可以发 1 kW 热量,我国可作为能源的秸秆有 2 亿 t,如果得到利用,所发电量与 1 亿 t 标准煤相当。沼气发电是生物质能发电的另一种形式,我国于 20 世纪 80 年代初开展沼气发电研究。

4. 地热能发电

我国地热资源丰富,但在地热发电方面起步较晚,已建成的西藏羊八井地热发电站装机容量 25 000 kW[3]。根据地热水的温度将地热能分为高温型、中温型、低温型三大类,高温地热资源主要用于地热发电,中、低温地热资源主要用于地热直接利用。地热直接利用有:地热采暖,主要在北方;地热温室,用于育秧、瓜果菜类;地热工业利用;地热水产养殖。

目前,地热的研发重点在于深部高温地热资源的勘测和大型高温地热电站相关技术的研究。地热能的优点是不会制造污染和噪声,可靠性高;地热能电站的全年利用率可达 90%。缺点是开凿得越深成本越高;地热开采过程中会释放硫化氢和二氧化硫等有毒气体。

5. 海洋能

海洋具有巨量的能源,海洋能是绿色能源的一种,分为潮汐能、波浪能。但是海洋能利用的成本较高、能源转换效率相对低、环境破坏较严重。

1.1.3 开发利用可再生能源的意义

我国人口众多,能源需求增长压力大,能源供应与经济发展密切相关。从根本上解决我国的能源问题,不断满足经济和社会发展的需要,保护环境,实现可持续发展,除大力提高能源利用效率外,加快开发利用可再生能源是重要的战略选择。目前,我国大量开采和使用化石能源,造成能源消费结构中煤炭比例偏高,二氧化碳排放量增长较快,对环境造成了很大影响。可再生能源清洁环保,对优化能源结构、保护环境、减排温室气体、应对气候变化具有十分重要的作用。可再生能源资源分布广泛,对开发利用当地自然资源和人力资源,促进地区经济发展具有重要意义。同时,可再生能源也是新兴产业,快速发展的可再生能源产业已成为一个新的经济增长点,对调整产业结构,促进经济增长方式转变,扩大就业,推进经济和社会的可持续发展意义重大。

1.1.4 可再生能源面临的问题

虽然我国可再生能源的起步和发展较晚,但经过长期的发展,可再生能源的开发总量、新增容量、新增投资、消费占比等指标已居世界前列。然而在可再生能源的发展过程中也出现了盲目开发、无序开发的问题,加之我国能源的定价机制和制度建设不合理、不完善,社会也未达成广泛共识,阻碍了可再生能源替代化石能源的进程。此外,可再生能源的技术性和经济性不强,由于缺乏合理的整体布局规划,加之资源分布不均、资源自身间歇性等特点,导致可再生能源市场规模小,自身发展动力不足,经济性较化石能源差距较大。

1.1.5 可再生能源发展的路线

(1) 加强科技创新,把科技在能源中的决定性作用更充分地发挥出来,让科技为我们创造更多的新能源和可再生能源。

(2) 尽快出台相关政策和实施细则,抓紧制定各项配套实施细则,包括资源调查、技术创新和价格管理等相关技术规范体系,支持和指导可再生能源迅速健康发展。

(3) 加大宣传力度,巩固可再生能源的战略地位,提高全民减排意识,积极引导市场健康有序发展。

1.1.6 可再生能源的应用前景

随着经济的高速发展,我国的能源需求呈现前所未有的增长趋势,我国在21 世纪面临能源安全和能源环境的双重压力。积极开发包括水电、风电、太阳能和生物质能在内的可再生能源成为我国社会经济发展的必然选择。

我国实施了相关能源法则以后,各类可再生能源迅速增长。水力发电年装机容量达到 1 000 万 kW;风力发电截至 2019 年底累计装机容量达到 2.1 亿kW;太阳能光伏发电截至 2019 年 6 月底累计装机容量 1.9 亿 kW;生物质能开发利用有较大发展。为了进一步推进我国可再生能源的发展,国家制定的

《可再生能源中长期发展规划》提出,到 2020 年,可再生能源年利用量达到 6 亿 t 标准煤,占能源消费总量的 15%。我国具有广阔的可再生能源发展前景,不久之后可再生能源会得到更加广泛的利用。

1.2 太阳能

1.2.1 太阳能的来源

太阳能是指太阳热辐射的能量,由于太阳内部进行由氢聚变成为氦的原子核反应,从而不断地向宇宙空间辐射能量。据记载,3 000 年前我们的祖先就开始利用太阳能,但真正将太阳能作为一种能源和动力加以利用是近 300 年的事,未来太阳能将得到越来越广泛的应用。

1.2.2 太阳能的特点

(1)能量巨大。每年到达地球表面的太阳辐射能量大约是 130 万亿 t 标准煤,相当于目前全世界每年所消耗的能量总和的 1 万倍。

(2)可再生能源。

(3)无污染,是完全清洁的能源。

(4)需要较大的投资。虽然太阳能的能量巨大,分布广泛,但是能量密度较低,所以需大面积收集,所需投资较大。

(5)受天气影响,具有随机性。

(6)太阳能是辅助能源,必须有储能装置。

1.2.3 太阳能的利用方式

太阳能利用涉及的技术很多,将这些技术和其他技术结合在一起,便能进行太阳能的实际利用,目前主要的利用方式有以下两类:

(1)光热利用。依靠集热器对太阳能进行采集,通过加热水或者空气,把太阳能转换为热能,比如太阳能热水器。

(2)光电利用。就是通常所说的太阳能光伏发电,其主要特点如下:结构简单,易安装运输;具有清洁性、可靠性、间歇性;能量分散,占地面积大。太阳能光伏发电受到昼夜变化和云层变化的影响,小的光伏发电系统可用蓄电池补充能量,大的系统要复杂很多。

1.2.4 太阳能光电转换利用技术

太阳能电池是最常用的太阳能光电转换利用技术,用于人造卫星、无人气象站、航标灯、通信站等。太阳能电池是光能转换为电能的器件,主要由太阳能电池板、充电控制器、蓄电池、逆变器等组成。而太阳能电池板是太阳能发电系统中的核心部分,其作用是将太阳能转换为电能,往蓄电池里储存。太阳能电池的基本结构是 PN 结,当适当波长的光照射到 PN 结时,在内建电场的作用下光能直接转换为电能。太阳能电池发电是清洁无污染的发电方式。

太阳能电池可以按照结构不同分为同质结太阳能电池、异质结太阳能电池等;按照材料分为硅太阳能电池、无机化合物半导体电池、聚合物太阳能电池等。目前应用最广泛的太阳能电池主要是单晶硅、多晶硅太阳能电池。但是硅电池生产工艺比较复杂,导致成本高,同时光电转换效率基本达到极限值,这些因素限制了其发展。随着工艺条件改善和研究的深入,新型太阳能电池是当前光伏应用领域重要的发展方向。

1.2.5　太阳能光热转换利用技术

1. 太阳能热水系统

太阳能热水系统是利用太阳能集热器,收集太阳辐射能,把水加热供应到建筑物生活热水的系统,是太阳能应用技术中最具经济价值、技术最成熟的一种系统。太阳能常见的集热器有全玻璃真空管集热器、U 型真空管集热器、热管式真空管集热器。

按照用户集热器的设置情况,太阳能热水系统分为分散系统和集中系统。分散系统中按照集热器位置分为屋面一体机、阳台分体机等方式。集中系统按辅助热源方式分为分散辅热—分户水箱、集中辅热—集中供水2 种方式。

2. 太阳能供暖

太阳能供暖系统由太阳能集热器、水箱、连接管道、控制系统等组成,是通过集热器加热水,将热水储存在水箱内,通过循环泵输送到发热末端(辐射地板采暖、暖风机、风机盘管等),实现采暖需求。

3. 热压通风

由于太阳照射,建筑物室内空气温度有所差别,引起密度差不同而产生压力差,形成热压,在热压的影响下形成烟囱效应,来完成自然通风。

1.2.6　太阳能的发展前景

如今世界各国十分重视太阳能利用技术的开发,我国因地理位置优势具有独特的利用太阳能的优势。未来太阳能利用技术会越来越成熟,新的技术会使太阳能利用的效率提高。有科学家预测,到 2050 年,太阳能会超过其他常规能源的使用规模,成为最重要的新能源,并在人类社会发展中扮演重要的角色。

1.3 生物质能

1.3.1 生物质能的来源和种类

生物质是指通过光合作用形成的各种有机体,包括动植物和微生物。而生物质能是太阳能以化学能形式储存在生物质中的能量形式。生物质能按原料来源分为:农业生产废物,如秸秆;农业加工废物,如木屑、谷壳和果壳等;人畜粪便和生活垃圾等;工业有机废物等。

1.3.2 生物质能的特点

(1)可再生性。生物质能来源于太阳能,是植物通过光合作用将太阳能储存在体内的,与风能、水能、潮汐能一样,都是可再生的能源。

(2)清洁性。生物质能中含有的有毒、有害物质和气体,远比石油及煤炭中的少,因此,在利用的过程中,基本上不会生成有毒、有害的气体与物质,所以属于清洁型能源。

(3)丰富性。生物质能的原料种类十分丰富,目前已经用于研究和开发的就已经多达几十种,除了这些原材料,我们还可以利用其他的生物质进行研究和开发。因此,生物质能具有丰富性的显著特点。

(4)可运输和储存。

(5)单位土地面积的生物质能密度低。

(6)生物质供应和价格不稳定。

(7)缺乏适合栽种植物的土地。

(8)生物质能原料含水量高,故转化率低。

1.3.3 生物质能的开发与利用

生物质的组织结构与常规的化石燃料相似,利用方式与化石燃料相似,但是生物质种类多,结构组织不同,利用技术比化石燃料复杂,主要利用途径包括燃烧、热化学法、生化法、化学法、物理化学法等。生物质能被利用后转化为二次能源,包括热量或电力、固液气燃料等。

1. 燃烧法

生物质燃烧技术是传统的能源转换形式,产生的能量主要应用于炊事、取暖、工业、发电等领域。炊事是最原始的生物质能利用形式,效率只有15%左右,而工业中采用机械燃烧方式,效率较高。在用于发电时生物质能转化效率可达40%,热效率可达90%。

2．热化学法

热化学法包括热解、气化、液化。热解是利用热能切断生物质大分子中的化学键,使之转换为低分子物质的热化学反应。热解产物有醋酸、甲醇、木馏油和木炭等产品,在常温下稳定,便于储存、运输。气化是在高温的条件下,通过热化学反应以氧气、水蒸气等气化剂将生物质的可燃部分转换为可燃气的反应,可直接应用于锅炉燃料或发电,产生所需的热量或电力。液化是将固体状态的生物质经过化学加工,使之转换为液体燃料的清洁技术。

3．生化法

生化法主要针对农业生产过程中的生物质,包括农作物秸秆、家畜粪便、生活废水等,依靠微生物或酶的作用,使之生产出乙醇、甲烷等液体或气体燃料。

1.3.4　生物质能面临的问题

我国生物质能丰富,具有很大的发展潜力,目前我国可利用生物质资源量可转换为能源的潜力约 5 亿 t 标准煤。虽然我国生物质能技术研发水平与国际水平相当,在生物质能利用技术方面居于领先地位,但存在生物质能产业结构不均衡、生物质成型燃料缺乏核心技术、生物质资源未能高效利用成为污染源等问题,对此可从以下两个方面进行突破。

1．加强创新,促进生物质能高效综合利用

深入研究认识生物质结构演变规律对解聚特性的影响,融合更多学科的知识与研究方法,逐步丰富与完善生物质能转化理论和方法。比如,生物质直燃发电技术方面,燃烧装置沉积结渣和防腐技术需要突破,气化发电技术需提高效率、规模,混烧发电技术需建立完善的混烧比例检测系统和高效生物质燃料锅炉系统;生物质液体燃料方面,提高催化剂寿命、加强副产物回收技术,提高转换率和产品质量的稳定性等;生物质燃气方面,需进一步提高厌氧发酵技术、沼气提纯与储运技术。

2．加强国际交流与合作

引进国外先进的利用技术和设备,并进行再创新,加快研制生物质关键技术和装备。对农林废物化工系统、生活固废综合利用系统、畜禽粪便能源化工系统等关键技术开展技术攻关,并推进生物质能人才培育。

1.4　空气能

1.4.1　空气能的来源

空气能是指空气中所蕴含的低品位能,属于清洁能源的一种。将空气能

收集起来并加以利用的装置叫热泵,利用热泵进行空气能利用的技术称为空气能热泵技术。目前应用空气能热泵技术的常用设备有空气能热泵热水器、空气能热泵烘干机、空气能热泵采暖设备等。下面以空气能热泵热水器为例介绍空气能运用的原理及特点。

1.4.2 空气能热泵热水器

1. 原理

空气能热泵热水器是继燃气热水器、电热水器、太阳能热水器之后的新一代热水器,是最节能环保的热水设备之一。它采用逆卡诺循环原理,以冷媒为载体,电能为辅助,利用空调四大件——压缩机、蒸发器、冷凝器、节流元件,来实现热量转移,主要由热泵主机、水箱两部分组成。工作原理是:首先对压缩机输入一份电能,将低温低压的冷媒压缩为高温高压的状态;然后高温高压的气态冷媒通过水箱,与水进行热交换,将冷水加热成热水,同时冷媒被冷却成低温高压的状态;低温高压的冷媒通过节流装置减压,由于压力骤减,温度降到外界环境温度以下,通过蒸发器时吸收空气中的热量,同时冷媒蒸发成低温低压的气态,再吸入压缩机做功;依此循环。

2. 优势

(1) 节能。与电热水器相比节省电能约 80%。

(2) 安全。没有燃料泄漏、火灾、爆炸等安全隐患。水电分离,从根本上杜绝漏电、干烧、超高温等安全隐患。

(3) 更便捷。不受阴雨、雪等恶劣天气的影响,一年四季 24 h 全天候运行。

(4) 更舒适。只需一台空气能热水器,即可满足厨房、洗浴、洗衣等多个房间的集中供热需求。

3. 缺点

(1) 易受周围环境影响,在温度较低时,制造热水量会降低。在 -20 ℃以下,机组停止工作,化霜问题是现在有待解决的难点。

(2) 由于空气能热泵热水器体积大,要求安装在楼顶和地面,对家居环境要求高。

(3) 压缩机容易被烧坏。

4. 国内发展前景

空气能热泵热水器从 2001 年进入中国市场以来一直稳步发展。2009 年中国热水器市场销售额中,空气能热泵热水器已达 30 亿元,此后每年以 30% 的速度增长。目前进入空气能热泵热水器行业的生产厂家已达 600 多家,基本包括中央空调企业、家用空调企业、太阳能企业、节能设备企业。消费市场主要集中在长江以南地区,但整个市场还处于开发阶段的初期,所以发展的空间广阔,但是也暴露出一些发展过程中不可避免的问题,如技术同化现象严重、消费者对空气能热泵热水器产品的认知度很低、与太阳能相比政策扶持力度不够等。随着能源的短缺、技术的改进以及人们生活水平的提高,空气能热泵热水器将得到越来越广泛的应用。

1.5　本章小结

目前,化石能源依然是主要能源,人们还没有从对化石能源的依赖中走出来,对可再生能源的了解还非常欠缺。随着技术和材料的发展,可再生能源已经表现出了强劲的发展势头,也证明了自身的价值,但还需要政府继续保驾护航,帮助企业进行宣传、给予资金支持、协助市场推广、促进技术转化、加强政策导向,保障可再生能源行业健康发展。

参考文献

[1] 中国水力发电总装机容量稳居世界第一[J].电器工业,2009(6):1.

[2] 庄耀民.太阳能发电的开发现状和前景[J].电力建设,1986(7):40-44.

[3] 刘志江.我国地热发电的现状与分析[J].热力发电,1981(3):48-55.

第 2 章　可再生能源系统

太阳能建筑一体化就是在建筑设计时将太阳能系统作为建筑中不可或缺的设计元素给予考虑,把太阳能的应用纳入建筑能耗总体设计中,太阳能技术、建筑设计和美学有机融合,使太阳能作为建筑整体的一部分[1-2]。设计一栋太阳能建筑,要根据建筑地理位置、周围环境(地形、光照等建筑位置微气候)设计建筑外观结构、朝向等建筑形式,然后根据建筑设计能耗选择合适的太阳能技术与建筑形式进行有机融合,这个过程需要不断反复直到达到一个较好的效果。

太阳能与建筑一体化能有效减少建筑能耗,提高对可再生能源的利用率;太阳能组件置于屋顶或屋面,节省土地资源。根据太阳能组件的安装位置,其与建筑有两种主要种组合形式:置于原来建筑材料上;与建筑屋面结合,作为建筑材料的一部分。根据建筑形式和实际需求,太阳能组件可安装于建筑斜屋顶或平屋顶上、建筑向阳立面,示意图如图 2-1 所示。

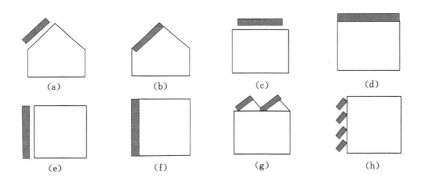

图 2-1　太阳能与建筑一体化安装形式

多种新型太阳能光热利用技术在建筑上的有机集成,有效降低了建筑对一次能源的消耗,提高了对可再生能源的利用率,为建筑提供制冷、采暖、电能、生活热水等建筑所必需的能耗。

2.1　真空管太阳能建筑一体化技术

真空管太阳能集热器[3]是将吸热体与透明盖层之间的空间抽成真空的太阳能集热器,是太阳能热利用的基本形式之一,在我国被广泛应用于宾馆、学校、医院、工厂等建筑中。真空管太阳能集热器主要包括集热部分、传热部分、换热部分和边框尾架部分。真空管是集热部分的重要组件,主要由内管和外管组成,内管的吸热涂层吸收太阳光,加热内管里的水,再与水箱进行热交换,提高水温。内管的水银涂层防止热量辐射,内外管间的真空层防止热量传导,因为每根真空管都是独立的动力单元,所以当它们相互结合就会产生很大的热量。真空管按吸热体材料种类,可分为全玻璃真空管和玻璃-金属真空管两类,图 2-2 所示为全玻璃真空管太阳能集热器,图 2-3 所示为全玻璃真空管太阳能集热器结构示意图。

图 2-2　全玻璃真空管太阳能集热器

真空管太阳能集热器有很好的抗冻能力,可耐 −50 ℃的严寒条件;热效率高,可达 93％,系统热效率可达 46％;启动快,在阳光下几分钟后即可输出热量,且在多云间晴天气时的产热水量较为突出;不结垢,水不直接流经真空管内,避免了因水垢而引起的水道堵塞问题;保温性好,单向传热,使热水在夜

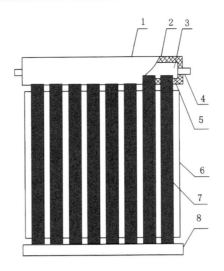

1—保温盒外壳;2—保温层;3—联集管;4—配管接口;
5—密封圈;6—反光板;7—全玻璃真空管;8—尾托架。

图 2-3　全玻璃真空管太阳能集热器结构示意图

间不会沿热管向下散热到周围环境;承压能力好,尤其是玻璃-金属真空管,可应用于大中型热水系统;耐热冲击性好,即使误操作,阳光下空晒后的热水器内立即注入冷水,真空管也不会炸裂;安装简便、运行可靠,真空管与集热器"干性连接",无热水泄漏问题。

真空管太阳能一体化有多种不同形式的应用,如本书提出一种独立双循环电辅助真空管太阳能地板辐射采暖装置(如图 2-4 所示),是由真空管太阳能集热系统、电辅助加热系统和地板辐射采暖系统组成的综合采暖系统,其关键技术在于采用真空管集热及双循环供热模式。真空管集热在不影响效果的前提下,可以显著降低系统成本;增加了一个小水箱,并把电加热装置放入小水箱中,可以明显缩短电辅助加热的时间,改善电辅助加热的效果。

该系统采用大循环和小循环相结合的模式,大大缩短了初始加热时间,改善了供热效果,降低了能耗,供热连续运行,系统更加稳定。此外,系统结构简单、合理,造价低,集热部分的造价是热管系统集热管的 1/2,系统运行稳定、安全可靠、节能环保;采用大坡度排空,排空容易;采用热熔连接,系统施工速度快,且不易冻管;该系统主要是靠太阳能系统采暖,有少量的电辅助费用,因此总运行费用较低,约是地源热泵采暖系统费用的 1/4。该装置适用于太阳能资源丰富的别墅、低层办公建筑及农村住宅的冬季供暖。

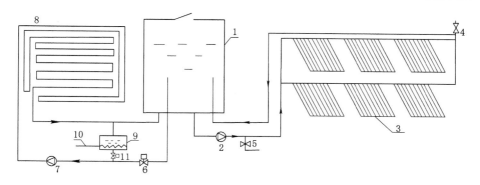

1—大水箱；2—集热水泵；3—真空管；4—放气阀；5—泄水阀；6—电磁阀；
7—室内循环泵；8—室内地盘管；9—小水箱；10—电加热器；11—小循环电磁阀。

图 2-4　系统原理图

　　本书还提出了一种利用太阳能真空管的毛细管网立面辐射采暖系统。该系统的原理图如图 2-5 所示，其特征在于室外采用太阳能真空管蓄热，室内采用毛细管网贴立面墙辐射采暖，系统增加一个独立蓄热水箱，把多余的热量储存在水箱里面，毛细管网采用并联连接方式，并在毛细管之间安装流量调节

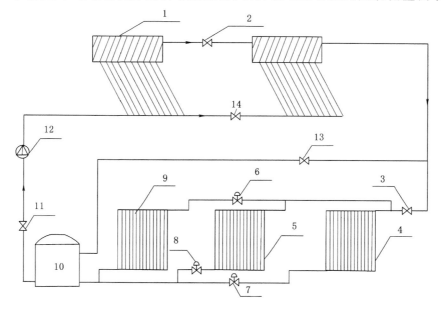

1—真空管太阳能集热器；2,3,11,13—截止阀；4,5,9—毛细管网；
6,7,8—流量调节阀；10—蓄热水箱；12—循环水泵。

图 2-5　系统原理图

阀,可以调节控制各个毛细管网的水流量,优化系统运行,保证有人在的房间热环境最佳。

该系统充分利用了太阳能,只消耗了少量的电能,费用约为锅炉采暖费用的 1/10,大大降低了初投资;系统运行维护简单,不需要专业人员;室内采用了毛细管辐射采暖方式,降低了室内空气温度不均匀度,提高了热舒适度,改善了室内热环境;毛细管网贴立面墙安装,对既有建筑没有负面影响;在合理投资范围内,该采暖方式虽然无法像城镇集中供暖方式那样使室内达到 20 ℃甚至 20 ℃以上的效果,但可以使室内平均温度达到 16 ℃,已经很好地改善了冬季农村住宅的室内热环境。

2.2 热管太阳能建筑一体化技术

热管式太阳能集热器[4]是真空管集热器的一种(如图 2-6 所示),它综合应用了真空技术、热管技术等,使太阳能集热器不仅能全年运行,而且还提高了工作温度、承压能力和系统可靠性,促进了太阳能热利用进入中高温领域。热管式太阳能集热器由热管、吸热板和玻璃管等部件组成,如图 2-7 所示。吸热板吸收的热量会迅速将管内少量工质汽化,被汽化的工质上升到热管冷凝端向被加热的工质(水或空气)放出汽化潜热后,冷凝成液体,在重力作用下流回热管蒸发端,利用热管内少量工质的气-液相变循环过程,连续地将吸收的太阳辐射能传递到冷凝端加热工质。为保证汽化的工质迅速上升到冷凝端,真空管工作时与地面的倾角应大于 15°。

图 2-6 热管

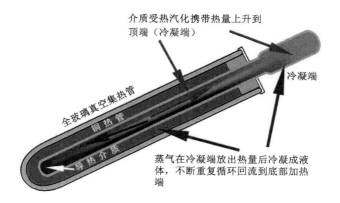

图 2-7　热管式太阳能集热器集热原理

在太阳能装置中使用热管,不会产生热倒流,热量只能从蒸发端传到冷凝端,当前者低于后者时热量不会反流;冰冻问题易解决,采用乙醇或丙酮作为工质可以适应－90 ℃及更低的温度,即使采用水作为工质,也因其数量少不会将管子冻裂,这对太阳能冬季的使用,尤其是在严寒地区的使用很有意义;不会在集热器中产生碳酸盐沉淀物以致影响集热器的效率;利用蒸气传递热量,流体阻力小,压降损失小。

本书叙述了一种电辅助热管太阳能顶板辐射采暖技术。水箱、室内循环泵和顶板毛细管组成室内循环;水箱、室外循环泵和太阳能集热器组成室外循环,辅助电加热装置设置在水箱当中,如图 2-8 所示。

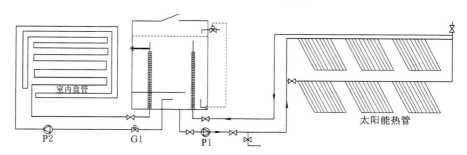

图 2-8　电辅助热管太阳能顶板辐射采暖原理图

在该系统中采用了以下设备:

(1)热管太阳能集热器。热管太阳能集热循环系统充分利用相变介质蓄热,大大提高了太阳能的利用率,减少了循环水量,缩短了排空时间,降低了循环热损失,冻管和炸管问题也得到了解决。

（2）小水箱。该系统只向室内供暖而不供应热水,从而将水箱的容积大大缩小,缩短了初始加热时间,降低了辅助电加热的功率;充分利用水箱的分层原理,上部供暖,下部集热,提高了系统的运行效率,改善了供暖效果。

（3）末端采用顶板毛细管辐射装置。顶板毛细管辐射末端是一种新型的低温热水辐射采暖方式,供暖时,采用28~35 ℃的低温热水,利用辐射面的高温度与围护结构或室内空气进行热量交换,柔和地向房间辐射热量。供暖温度的降低,大大提高了系统的运行效率,高效节能,人的实感温度比对流换热高 2~4 ℃,热舒适度高,具有良好的室内环境。

传统的真空管太阳能集热系统集热效率低,并且水箱中水量较大,电加热时间较长,不仅能耗高而且效率低,没有利用水箱中水的分层原理导致供热效果较差。而电辅助热管太阳能集热系统可以提高太阳能的利用效率、降低辅助热源的能耗,该系统可改善我国北方和长江中下游等非集中供暖地区的冬季采暖问题,降低该供暖能耗,提高室内的热舒适性,进而改善人们的生活环境,提高工作效率。

2.3　太阳能、沼气建筑一体化技术

太阳能和沼气都属于环保清洁能源,在人们生产、生活中具有重要的应用价值。其中,沼气是有机物经微生物厌氧发酵而产生的可燃气体,在我国农村有着良好的推广前景,很多农村建起了沼气池。

在太阳能应用中,太阳能集热器能够吸收太阳光照辐射的大部分热量,快速将热能储存在水中,但是,太阳能集热器在长时间使用过程中经常出现温度过高、热量不能完全使用的情况,不仅浪费热能,还会导致集热器内开水暴沸现象,影响太阳能集热器使用寿命。沼气发酵技术在实际应用中取得了一定成果,但是沼气发酵对环境温度的依赖十分严重,沼气发酵微生物在一定的温度范围内进行代谢,在 8~65 ℃产生沼气,温度高低不同产气速度不同,温度越高,产气速率越快,但不是线性关系,当沼气发酵温度突然变化,沼气生产效率、产量会明显降低,当温度突变超过一定范围时,则会停止产气。尤其是在寒冷的冬季,沼气发酵温度受外界环境影响而降低,沼气生产效率随之降低,影响沼气的正常使用。除此之外,过低的温度会冻裂沼气池,导致沼气无法发酵产气,影响人们的正常生活。为了解决太阳能集热器热量浪费以及沼气发酵温度不稳定的问题,人们开始尝试联合应用太阳能集热技术与沼气发酵技术。

本书介绍了一种太阳能供热沼气发酵系统,将太阳能集热器、沼气反应装置结合在一起,如图 2-9 所示。

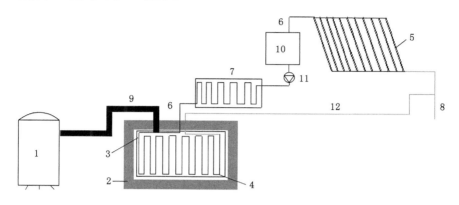

1—沼气集气罐;2—保温层;3—沼气反应装置;4—第二散热装置;5—太阳能集热器;
6—供水管;7—第一散热装置;8—进水管;9—集气管;10—集热水箱;11—水泵;12—回水管。

图 2-9 太阳能供热沼气发酵系统原理图

水首先在太阳能集热器中被加热,然后进入集热水箱,水箱里的热水经过第一散热装置后再流入第二散热装置,散热后的水再经回水管回到集热器中。在沼气反应装置外还设置有石蜡相变保温层,在太阳能光照不足、温度较低的情况下,石蜡相变保温层能够有效维持沼气反应装置内部环境温度稳定,降低沼气发酵装置对自然环境温度的依赖,具有较强的适用性。

该系统通过第一散热装置的散热作用,为沼气反应装置提供温度较高的外部环境,外部温度维持在 $50 \sim 60$ ℃范围内,之后通过第二散热装置的散热作用,为沼气反应装置提供稳定的内部反应温度(稳定在 $30 \sim 35$ ℃范围内),沼气反应装置中的有机物发酵速度加快,沼气生产效率和产量大大提高。第一和第二散热装置由金属毛细管构成,热水在金属毛细管中流通。该系统不仅能够实现太阳能集热器中热水的流通,降低太阳能集热器内的水温,延长其使用寿命,而且可以给沼气发酵系统供热,将太阳能集热器作为沼气反应装置的供热源,利用第一散热装置和第二散热装置分级降温散热,提高太阳能集热器的热能利用效率。

利用太阳能余热为沼气发酵提供稳定温度,具有热能利用率高、沼气生产效率高、整体结构简单、使用方便、造价低廉、适用性强的优点,克服了传统的太阳能沼气发酵装置结构复杂、造价高、不利于在农村推广应用的问题。

2.4 空气源热泵、太阳能建筑一体化技术

空气源热泵是目前最为常见的空调节能装置之一,它利用高位能使热量从低位热源空气流向高位热源。由于作为低位热源的空气取之不尽、用之不竭,而且空气源热泵的安装和使用都比较方便,所以空气源热泵在我国被广泛应用于供热、供冷和生活热水等,如家用热泵空调器、商用单元式热泵空调机组和热泵冷热水机组等。

由于热源为周围环境的空气,所以空气源热泵的性能受室外气候的影响较大,当冬季室外空气温度低时,热泵冬季供热量不足,需设辅助加热器,通常为电辅助加热器。在我国寒冷及严寒地区,冬季气温较低,而气候干燥,困扰空气源热泵正常运行的通常不是结霜问题,而是室外环境的低温,在低温环境下,空气源热泵的能效比(EER)会急速下降。空气源热泵在寒冷地区应用的可靠性差,当需要的热量比较大的时候,热泵的制热量不足[5]。

太阳能是辅助空气源热泵的常用方式之一,太阳能辅助空气源热泵或空气源热泵与太阳能复合系统也受到很多学者的关注。根据太阳能集热系统与空气源热泵系统的连接方式不同,可以将复合系统分为直膨式和非直膨式太阳能辅助热泵系统。直膨式系统是将太阳能集热器作为整个系统的蒸发器,工质直接在集热器中吸热蒸发。非直膨式系统中,太阳能集热器和热泵系统的蒸发器分开设置,通过集热介质(一般为水、防冻溶液、空气等)将集热器中的热量送到热泵系统中或直接用于供热。根据集热器和蒸发器的连接方式又可将非直膨式系统分为并联式、串联式和双热源式,其原理图如图 2-10 所示。

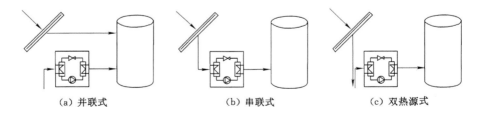

(a) 并联式　　　　　　(b) 串联式　　　　　　(c) 双热源式

图 2-10　太阳能辅助热泵系统

并联式是指太阳能集热环路与热泵循环彼此独立,前者一般用于加热对象,或者后者作为前者的辅助热源;串联式是指集热环路与热泵循环通过蒸发

器加以串联,太阳能作为热泵循环的低温热源,蒸发器的热源全部来自太阳能集热环路吸收的热量;双热源式与串联式基本相同,只是蒸发器可同时利用空气能、太阳能的两种低热源。

本书介绍一种可再生能源的新农村低负荷装配式冷暖一体房,其空调系统是太阳能辅助空气源热泵系统,如图 2-11 所示。热管式太阳能集热管安装在装配房的屋顶,室内的散热装置为毛细管网,以辐射的方式供热,室内温度更舒适。

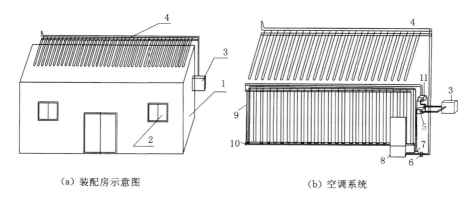

（a）装配房示意图　　　　　　　　　　（b）空调系统

1—装配式建筑主体;2—装配式建筑窗户;3—空气源热泵室外机;
4—太阳能集热管;5—空气源热泵室内机;6—集热水泵;7—毛细管循环水泵;
8—水箱;9—立面毛细管网;10—水槽;11—水制冷剂换热器。
图 2-11　可再生能源的新农村低负荷装配式冷暖一体房

2.5　本章小结

根据可再生能源种类的不同和适用范围的不同,可再生能源系统可进一步分为多种系统。在适用前,要根据需求特点,合理选择可再生能源的匹配方案。

参考文献

[1] 黄献明,李涛.广义太阳能建筑一体化设计理念与实践[J].新材料产业,2010(2):17-25.

[2] 王崇杰,赵学义.论太阳能建筑一体化设计[J].建筑学报,2002(7):28-29.

［3］李建昌,侯雪艳,王紫瑄,等.真空管式太阳能集热器研究最新进展［J］.真空科学与技术学报,2012,32(10):943-950.

［4］高汉三.热管式真空管太阳能集热器研制成功［J］.太阳能,1995(1):17.

［5］柴沁虎,马国远.空气源热泵低温适应性研究的现状及进展［J］.能源工程,2002(5):25-31.

第 3 章　低位可再生能源能量品位

评价热力系统的主要参数包括 COP、EER、耗电量及能源利用率等,这些参数都可以给出能量由高品位到低品位转化过程中的规律,并给出了定量计算公式,从能量的变化数量上看,可以由热力学第一定律进行分析和计算。而对于一个能量综合系统,不仅要评价能量数量关系,还要了解能量品位变化,既包括能量由高品位能→低品位能的变化,又有低品位能→低品位(相对)能以及低品位能→高品位能的变化过程。系统中能量品位之间相互转化规律只能采用熵或㶲进行评价,熵或熵增揭示了热力过程进行的深度,而热量㶲则可以评价能量交换过程中的变化规律,并给出能量品位在热交换过程中定量评价关系[1]。

3.1　换热过程正向能量传输分析

可再生能源系统换热过程包括电能→机械能→热能和高温热能→低温热能的变化过程。在空气源热泵中,电能首先变成机械能做功,继而由机械能再变为热能,然后释放到室内,最后由室内再散到室外;对于低品位太阳能,通过能量输配计算进入室内能量数量,并通过能量守恒方程分析能量数量之间的关系。本节内容将通过 COP_h、ε_h、能源利用率等参数评价空气源热泵-太阳能-辐射毛细管换热系统。

3.1.1　太阳能辅助空气源热泵系统的 COP_h

热泵的供热性能系数(coefficient of performance for heating,COP_h)是评价热泵供热运行特性的重要指标。根据热力学第二定律,热泵将低位热源的热量品位提高,需要消耗一定的高品位能量,因此,热泵的能量消耗是一项重要的技术经济指标。

热泵的供热性能系数是指热泵收益(供冷量或供热量)与付出代价(所消耗的机械能或电能)的比值。为了使不同热泵之间的性能有一定的可比性,通常用标准工况(或额定工况)的性能系数衡量热泵性能的优劣。通过机组制热系数可以评价消耗能量与收获能量的定量关系。

$$COP_h = \frac{压缩机制热量}{制冷机组输入功率} = \frac{Q_h}{W} \qquad (3\text{-}1)$$

根据热力学第二定律,在制冷循环过程中,COP_h 受蒸发温度、蒸发压力、冷凝温度、冷凝压力、过热度及制冷剂性质等因素的影响,如图 3-1 所示。而根据卡诺定理,影响 COP_h 的因素只有冷凝温度和蒸发温度,如图 3-2 所示。从图中阴影面积也可以看到,提高低温热源的温度和降低高温热源的温度,都可以减少压缩功消耗,提高 COP_h。从图中可以定性给出冷凝温度及蒸发温度对 COP_h 的影响,但无法给出具体的定量关系式。

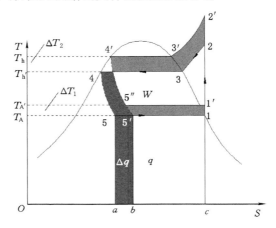

T_h—高温热源温度;$T_{h'}$—冷媒冷凝温度;T_A—低温热源温度;$T_{A'}$—冷媒蒸发温度;
ΔT_1—低温热源换热温差;ΔT_2—高温热源换热温差;q—从低温热源吸热量;Δq—温差换热量。

图 3-1 有温差的理论制热循环

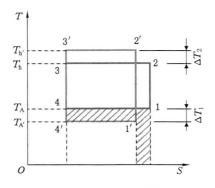

图 3-2 有温差的逆卡诺循环

根据卡诺定理可知,系统的制热系数只与高低温热源的温度有关,然而,高低温热源对系统的制热系数的影响大小关系尚不能确定。因此,对于空气源热泵系统,应明确参数对系统的制热性能影响大小。为了找到高低温热源对制热系数的影响权重,下面对式(3-2)中的温度进行求偏导:

$$COP_h = \frac{Q_h}{W} = \frac{T_h}{T_h - T_A} \tag{3-2}$$

$$\left| \frac{\partial COP_h}{\partial T_h} \right| = \frac{T_A}{(T_h - T_A)^2} \tag{3-3}$$

$$\left| \frac{\partial COP_h}{\partial T_A} \right| = \frac{T_h}{(T_h - T_A)^2} \tag{3-4}$$

得

$$\left| \frac{\partial COP_h}{\partial T_A} \right| > \left| \frac{\partial COP_h}{\partial T_h} \right| \tag{3-5}$$

从式(3-5)可以得到,低温热源的温度变化对制热系数的影响较大,高温热源的温度变化对制热系数的影响相对不大。作为低温热源的室外空气换热器,冬季空气温度较低时会严重影响系统的制热系数,并且冬季室外盘管结霜严重,增大了换热热阻,降低了系统的制热系数。因此,若采用了太阳能集热器加热热水,作为低温热源,可以有效提高热泵系统的制热系数。尤其当冬季室外空气温度过低时,采用低温太阳能热水代替室外空气,可以有效提高低温热源的温度,从而有效改善热泵系统的制热效率。

然而在本系统中不仅仅有压缩机,还有室内风机、室外风机、循环水泵、电磁控制阀以及控制系统等,它们都会消耗一定的电量,尤其是水泵及控制系统的耗电量都应该考虑到系统的供热系数中,如式(3-6)所示。

$$\varepsilon_h = \frac{系统供热功率}{系统消耗的总功率} = \frac{Q_{hs}}{W_C} \tag{3-6}$$

其中

$$W_C = W_R + W_F + W_P + W_V + W_G \tag{3-7}$$

式中　W_C——系统总功率,W;

W_R——压缩机功率,W;

W_F——风机功率,W;

W_P——水泵功率,W;

W_V——电磁阀功率,W;

W_G——控制系统功率,W。

由式(3-2)、式(3-7)和图 3-1 可知,当采用太阳能辅助热泵采暖系统时,压缩机的功率 W_R 下降,制冷机的 COP_h 上升。但是系统的功率 W_C 包含了水泵和控制系统的能耗,在一定程度上会导致 ε_h 下降,与 COP_h 相比,ε_h 的具体数值需要通过实验数据计算得到。

3.1.2 太阳能辅助空气源热泵系统的能量输配分析

评价空气源热泵系统性能的主要参数包括 COP_h、ε_h 等。空气源热泵的能量平衡关系见式(3-8)和式(3-9)。在空气源热泵基础上加入了太阳能后,能量就包括室外空气能、电能和太阳能三部分,能量的输入与输出关系如图 3-3 所示。输入室内的能量为太阳能和室外空气能,消耗的电能作为室内输入能量,输出的能量为房间向室外的散热量。图 3-4 为能量平衡关系图,根据此图及热力学第一定律,输入房间的能量等于输出房间的能量,由此建立能量平衡得出空气源热泵热平衡式为

$$供热量 = 吸收室外空气的热量 + 消耗的电能 \qquad (3-8)$$

$$Q_a + W_a = Q_c \qquad (3-9)$$

$$Q_a + Q_s + W_c = Q_c \qquad (3-10)$$

图 3-3　建筑能量输入/输出模型

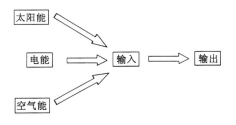

图 3-4　能量平衡关系

式(3-9)中的 W_a 为制冷机的输入功率,而式(3-10)中的 W_c 还包括水泵阀门和控制系统的耗电量。由此看到,无论是单一空气源热泵还是太阳能辅助空气源热泵系统,按照能量平衡关系,都只能给出太阳能所占的份额,无法给出太阳能、空气能及电能的变化规律,以及这些能量在系统中起到的作用,

也无法评价不同温度下的太阳能对系统的影响规律,因此在 3.1.3 节将分析系统中不同品位能量的变化规律。

3.1.3　太阳能辅助空气源热泵系统能量品位研究

由热力学第二定律可知,熵增是评价热力过程中能量贬值的参数,而不可逆因素是造成能量损失的唯一要素。因此,能量在转化的过程中,不可逆程度越大,其熵增就越大,能源的消耗就越大。

我国不是一个能源十分丰富的国家,能源的人均拥有率就更低,所以节约高品位能的使用,尽量减少能量转化过程中的熵增是节约能源的重要途径。本书从空气源热泵系统的高低温热源出发,分析了冬季热泵循环高低温热源温度变化对系统运行的影响,给出了太阳能辅助空气源热泵系统和普通空气源热泵系统对比模型,对各个环节的比熵变、熵流及熵产进行了对比分析。

根据图 3-2,供热量为

$$Q_c = Q_a + W_c \qquad (3\text{-}11)$$

理想的热泵循环可以近似当作可逆循环过程,又知可逆过程的逆卡诺循环的熵增为 0,即

$$\Delta S = \frac{Q_a}{T_A} - \frac{Q_c}{T_h} = \frac{Q_a}{T_A} - \frac{Q_a + W_c}{T_h} = 0 \qquad (3\text{-}12)$$

耗功量 W_c 为

$$W_c = Q_a \frac{T_h - T_A}{T_A} \qquad (3\text{-}13)$$

将式(3-3)和式(3-4)代入式(3-2)得到

$$\varepsilon_h = \frac{Q_c}{W_c} = \frac{Q_a + W_c}{W_c} = \frac{Q_a}{W_c} + 1 \qquad (3\text{-}14)$$

整理得到

$$\varepsilon_h = \varepsilon_r + 1 = \frac{T_A}{T_h - T_A} + 1 = \frac{T_h}{T_h - T_A} \qquad (3\text{-}15)$$

其中,ε_r 为制冷系数。从式(3-15)可知,系统的制热系数只和高低温热源的温度有关,制热系数随着高温热源温度的升高而降低,随着低温热源温度的下降而降低。又由式(3-5)可知,当改变低温热源温度时,供热系数可大幅提高。采用太阳能低温热水替代室外空气,可以大幅提高低温热源的温度,因此,可以有效改善制热效果。

在实际循环过程中,制冷剂和冷热源之间都存在温差,是有温差的换热过程,见图 3-1 和图 3-2。当有温差传热时,系统的耗功量增加,吸热量减少,供

热温度提高,因此,系统的制热系数减小,阴影区表示吸热的减少量。式(3-16)表示系统有温差时的制热系数,可以发现,当传热存在温差时,供热循环的制热系数都小于逆卡诺循环的制热系数。

$$\varepsilon'_h = \frac{Q'_c}{W'_c} = \frac{T'_h}{T'_h - T'_A} = \varepsilon'_r + 1 \tag{3-16}$$

因为 $\qquad\qquad\qquad\qquad \varepsilon'_r < \varepsilon_r$

所以 $\qquad\qquad\qquad\qquad \varepsilon'_h < \varepsilon_h$

式中,ε'_h 为有温差时的制热系数;ε'_r 为有温差时的制冷系数;Q'_c 为温差传热量,J;W'_c 为温差传热下压缩机功率,W;T'_h 为高温热源的温度,K;T'_A 为低温热源的温度,K。

通过制热系数研究发现,当改善冷源环境后,制热系数都会提高;当存在换热温差时,制热系数/制冷系数都小于逆卡诺循环的制热系数/制冷系数,制冷、制热系数随着温差的增大而增大。

3.1.4 系统循环熵增分析

根据上面的分析,采用了太阳能热水作为辅助热源,提高了系统的制热系数,节约了高品位电能。从整个循环过程来看,由于采用了低温太阳能热水作为低温热源,改善了制冷剂的汽化过程,增大了制冷剂的过热量,提高了制冷剂的吸热量。下面就具体分析常规空气源热泵和有太阳能辅助的空气源热泵循环过程的熵变化。

如图 3-1 所示,空气源热泵制冷剂循环过程 $122'3'4'5'1$ 为理论状态下的逆卡诺循环,因为采用节流阀代替了膨胀机,所以过程 $4'—5'$ 不是等熵过程。整个循环过程是一个不可逆循环过程,取整个系统为孤立系统,系统的熵变设为 ΔS_{iso}

$$\Delta S_{iso} = \oint \frac{\delta q}{T} \tag{3-17}$$

由孤立系统熵增原理及逆卡诺循环得到

$$\Delta S_{iso} = \int_1^{2'} \frac{\delta q}{T} + \int_{2'}^{4'} \frac{\delta q}{T} + \int_{4'}^{5'} \frac{\delta q}{T} + \int_{5'}^1 \frac{\delta q}{T} > 0 \tag{3-18}$$

其中,过程 $1—2'$ 为等熵压缩,所以 $\int_1^{2'} \frac{\delta q}{T} = 0$,代入式(3-18)得

$$\Delta S_{iso} = \int_{2'}^{4'} \frac{\delta q}{T} + \int_{4'}^{5'} \frac{\delta q}{T} + \int_{5'}^1 \frac{\delta q}{T} > 0 \tag{3-19}$$

其中,过程 $4'—5'$ 为可逆绝热过程,为膨胀阀代替膨胀机,可近似简化为可逆过程,即

$$\int_{4'}^{5'} \frac{\delta q}{T} = 0$$

代入式(3-19)中得

$$\Delta S_{sysa} = \int_{2'}^{4'} \frac{\delta q}{T} + \int_{5'}^{1} \frac{\delta q}{T} \tag{3-20}$$

过程 $2'$—$4'$ 和过程 $5'$—1 均为不可逆的有限温差传热,其中,过程 $2'$—$4'$ 表示高温端向室内散热,ΔT_H 为制冷剂和室内空气的换热温差;过程 $5'$—1 表示低温端的吸热过程,ΔT_L 为制冷剂和低温热源之间的换热温差。两个过程均为不可逆的温差换热过程,在两个换热过程中的熵增为

$$\Delta S_{sysa} = \Delta S_H + \Delta S_L \tag{3-21}$$

式中　ΔS_{sysa}——空气源热泵系统熵变,J/K;

ΔS_H——放热过程熵变,J/K;

ΔS_L——吸热过程熵变,J/K。

对于空气源热泵,过程 $2'$—$4'$ 和 $5'$—1 的过程熵增为

$$\Delta S_H = Q_c \left(\frac{1}{T_{h'}} - \frac{1}{T_h} \right) \tag{3-22}$$

$$\Delta S_L = Q_a \left(\frac{1}{T_A} - \frac{1}{T_{A'}} \right) \tag{3-23}$$

$$\Delta S_{sysa} = Q_c \left(\frac{1}{T_{h'}} - \frac{1}{T_h} \right) + Q_a \left(\frac{1}{T_A} - \frac{1}{T_{A'}} \right) \tag{3-24}$$

对于太阳能辅助空气源热泵系统

$$\Delta S_{syss} = Q_c \left(\frac{1}{T_{h'}} - \frac{1}{T_h} \right) + Q_{as} \left(\frac{1}{T_{As}} - \frac{1}{T_{A's}} \right) \tag{3-25}$$

式中,ΔS_{syss} 为太阳能辅助空气源热泵系统熵变;Q_c 为工质在 ΔT_H 温差下向高温热源放热量,放热温差造成的做功量减少用 $22'3'4'432$ 所围成的面积表示;Q_{as} 为工质在 ΔT_L 温差下从低温热源吸热量,吸热温差造成的做功量减少用 $11'5''5'1$ 所围成的面积表示。

从图 3-1 中的 T-S 关系分析,用同样的方法可以得出,当用低温太阳能热水替代室外空气时,蒸发器中制冷剂在吸热时的温差 ΔT_{LS} 将更大,ΔT_{LS} 为制冷剂和低温太阳能热水之间的温差。因此,系统的熵变 ΔS_{syss} 也会增大,此时的低温热源的温度 $T_{AS'} > T_{A'}$,在放热量相等的条件下,系统的熵变有

$$\Delta S_{syss} > \Delta S_{sysa} \tag{3-26}$$

由式(3-26)可知,当采用低温太阳能热水替代室外空气时,热泵系统的熵变增加,这是因为熵变是由熵流和熵产共同组成的。从上述分析可看到,系统采用低温太阳能辅助可改善系统性能,熵变增大仍然不能确定,系统供热系

数增大究竟是由热流产生的熵流还是不可逆造成的熵产引起的尚不清楚,下面将对系统的熵流及熵产进行分析。

3.1.5 循环过程熵流、熵产分析

熵产是过程不可逆程度的度量,是过程量。在没有外力的作用下,熵流只能由高温向低温变化,且在变化过程中有熵产。无论是空气源热泵系统的循环,还是太阳能辅助空气源热泵系统的循环,都是不可逆的热力循环,都存在不可逆的有限温差传热,所以在两个系统中既有熵流也有熵产。对于空气源热泵系统有

$$\Delta S_{\text{sysa}} = S_{\text{fa}} + S_{\text{ga}} \tag{3-27}$$

$$\Delta S_{\text{syss}} = S_{\text{fh}} + S_{\text{fsg}} + S_{\text{fsd}} \tag{3-28}$$

$$\Delta S_{\text{syss}} = \int_{2'}^{4'} \frac{\delta q}{T_{\text{H}}} + \int_{5'}^{1} \frac{\delta q}{T_{\text{A}}} + \int_{5''}^{1'} \frac{\delta q}{T_{\text{A}'}} \tag{3-29}$$

从式(3-28)中看到,当采用低温太阳能热水时,换热温差大幅提高,因此热流也大幅提高,导致由热流引起的熵流增加,即

$$S_{\text{fsg}} = \int_{5''}^{1'} \frac{\delta q}{T_{\text{A}'}} \uparrow \; ; S_{\text{fsd}} = \int_{5'}^{1} \frac{\delta q}{T_{\text{A}}} \uparrow$$

因此,太阳能辅助空气源热泵循环过程熵流 ΔS_{syssf} 增加。

根据热力学第二定律,熵产是不可逆因素引起的熵增,在实际热过程中,是由于温差传热导致了熵产,温差越大,熵产越大。常规空气源热泵循环热过程的熵产即孤立系统的熵增表达式(3-30),也就是做功能力的损失/环境温度,表达式为式(3-32)。

$$S_{\text{ga}} = \Delta S_{\text{sysa}} \tag{3-30}$$

$$L_{\text{a}} = T_0 \left[Q_{\text{c}} \left(\frac{1}{T_{\text{h}'}} - \frac{1}{T_{\text{h}}} \right) + Q_{\text{a}} \left(\frac{1}{T_{\text{A}}} - \frac{1}{T_{\text{A}'}} \right) \right] \tag{3-31}$$

$$S_{\text{ga}} = \frac{L_{\text{a}}}{T_0} = Q_{\text{c}} \left(\frac{1}{T_{\text{h}'}} - \frac{1}{T_{\text{h}}} \right) + Q_{\text{a}} \left(\frac{1}{T_{\text{A}}} - \frac{1}{T_{\text{A}'}} \right) \tag{3-32}$$

式中　S_{ga}——空气源热泵熵产,J/K;

　　　ΔS_{sysa}——空气源热泵系统熵增,J/K;

　　　L_{a}——空气源热泵做功能力损失,J;

　　　T_0——环境温度,K。

对于太阳能辅助空气源热泵系统,其中低温换热温差提高,空气温度变为低温太阳能水温,即 $T_{\text{A}'} \rightarrow T_{\text{A}'\text{s}}$;制冷剂温度由 $T_{\text{A}} \rightarrow T_{\text{As}}$。

$$S_{\text{gs}} = \Delta S_{\text{syss}} \tag{3-33}$$

$$L_{\text{s}} = T_0 \left[Q_{\text{c}} \left(\frac{1}{T_{\text{h}'}} - \frac{1}{T_{\text{h}}} \right) + Q_{\text{as}} \left(\frac{1}{T_{\text{As}}} - \frac{1}{T_{\text{A}'\text{s}}} \right) \right] \tag{3-34}$$

$$S_{gs} = \frac{L_s}{T_0} = Q_c \left(\frac{1}{T_{h'}} - \frac{1}{T_h} \right) + Q_{as} \left(\frac{1}{T_{As}} - \frac{1}{T_{A's}} \right) \tag{3-35}$$

由上式得到

$$L_s > L_a \tag{3-36}$$

$$S_{gs} > S_{ga} \tag{3-37}$$

式中　S_{gs}——太阳能热水换热系统熵产,J/K;

　　　ΔS_{syss}——太阳能热水换热系统熵增,J/K;

　　　L_s——太阳能热水换热系统损失,J。

由上式分析得到,无论是空气源热泵还是太阳能辅助空气源热泵,把压缩和膨胀过程都近似地看作等熵过程后,系统就变成了两个温差换热过程,只要增大换热温差,系统的熵流就增大,熵产也增大。该结论可以解释:当换热过程熵流增大,可以改善系统循环效率,有利于系统的节能。然而,对太阳能这种低温热源在系统中的作用规律仍然不清楚,低温热源相互转化时的规律也无法通过熵变分析得到。同时,室内的低温换热能量品位变化规律尚无法给出。因此,3.3 节将从㶲的角度分析能量品位变化规律。

3.2　换热过程能量效率分析

在评价换热系统的能效及能量变化规律时,应从换热过程中能量变化规律入手,而能量的转换主要通过换热器完成。因此,在热泵系统中应重点从换热器的换热过程出发,研究能量在热交换过程中的规律。

针对太阳能辅助空气源热泵系统的 5 个换热过程(太阳能光热转换过程、低温热水-制冷剂换热过程、低温空气-低温制冷剂相变换热过程、高温空气-高温制冷剂换热过程及低温热水-高温空气换热过程)进行理论分析、数值模拟和试验研究,得出太阳能辅助空气源热泵耦合系统各个换热过程的机理,给出能量转换过程中的能量品位定性及定量评价方法。

3.2.1　换热效率分析

在分析换热器换热过程㶲变化之前,首先分析换热器的换热效率。根据热力学第二定律,在太阳能辅助空气源热泵辐射采暖系统中,能量在传输过程中的损失相对较小,能量的损失主要集中在热交换及相变环节。在本系统中存在热交换的环节包括:太阳能集热器、蒸发器、冷凝器、板式换热器、毛细管网换热器,其中在冷凝器、蒸发器及板式换热器中还存在一定的相变过程,分析系统运行的状况既要分析各个换热过程中的转换效率,也要分析整个系统的能量利用效率。

本系统中采用了真空管集热器,其集热效率计算式如下:

$$\varepsilon_V = 0.512\,5 - 2.124\,\frac{T_m - T_a}{I} \tag{3-38}$$

式中　ε_V——集热器集热效率;

　　　T_m——水箱内平均温度,K;

　　　T_a——环境温度,K。

本系统中蒸发器的热交换主要是室外空气和制冷剂之间的换热,换热效率计算式如下:

$$\varepsilon_Z = 1 - \exp\left\{\frac{1}{C_r}NTU^{0.22}\left[\exp(-C_r NTU^{0.78}) - 1\right]\right\} \tag{3-39}$$

式中　ε_Z——蒸发器换热效率。

本系统中冷凝器的热交换主要是室内空气和制冷剂之间的换热,换热效率计算式如下:

$$\varepsilon_L = 1 - \exp\left\{C_r^{-1}\left[1 - \exp(-C_r NTU^{0.78})\right]\right\} \tag{3-40}$$

式中　ε_L——冷凝器换热效率。

本系统中板式热交换主要是低温太阳能水与制冷剂之间的换热,换热效率计算式如下:

$$\varepsilon_T = 1 - \exp(-NTU) \tag{3-41}$$

式中　ε_T——板式换热器换热效率。

本系统中辐射热交换主要是低温太阳能水与室内环境之间的换热,换热效率计算式如下:

$$\varepsilon_R = \frac{Q_{室内空气得热}}{Q_{供热量}} \times 100\% \tag{3-42}$$

式中　ε_R——辐射换热器换热效率。

上述五个换热过程的热效率给出了换热能力的评价方法,可以用来计算换热器的实际出力,仍然属于热力学第一定律范畴,不能评价能量在不同工况下的品质变化规律。

3.2.2　能量传输过程分析

根据图 3-5 能量输入/输出流程图,输入的能量有太阳能和电能,其中太阳能是可再生能源,可不作为高品位输入能量。为了计算整个系统的能效,以房间总得热作为能量收益,耗电量作为消耗能量,便可得到系统的能效计算式,见式(3-43)和式(3-44)。按照近似理想状态假设,计算过程中忽略了过程的损失,包括管道、水箱保温等损耗。

$$\eta_{sys} = \frac{Q_{室内空气得热}}{W_{总能耗}} \times 100\% \tag{3-43}$$

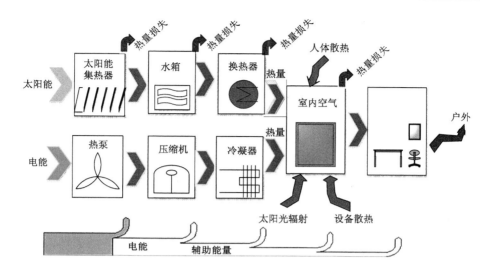

图 3-5　系统能量输入/输出流程图

$$\eta_{sys}=\frac{I\varepsilon_V\varepsilon_T\varepsilon_R+(Q_{OA}\varepsilon_Z+W_{热泵})\varepsilon_L}{W_{压缩机}+W_{外风机}+W_{内风机}+W_{集热水泵}+W_{循环水泵}}\times100\% \quad (3\text{-}44)$$

式中　Q_{OA}——从室外吸收的热量,J;

$W_{热泵}$——热泵功率,W;

$W_{压缩机}$——压缩机功率,W;

$W_{外风机}$——室外风机功率,W;

$W_{内风机}$——室内风机功率,W;

$W_{集热水泵}$——集热水泵功率,W;

$W_{循环水泵}$——循环水泵功率,W。

图 3-5 中左侧为能量的输入,包括电能和太阳能,太阳能由集热管把低温太阳能变为高温太阳能,能量品质有所提升,再通过循环水进行蓄热,能量品位有所降低,然后进入换热器和制冷剂进行换热,部分能量变为制冷剂的焓升而进一步贬值;太阳能也可以直接进入室内毛细管散热,把热量散到室内环境,这样太阳能从高温状态变为室内的低温状态,能量品位下降,总量不变;而电能经由热泵压缩机,把电能转化为机械能,产生了能量品位下降,然后机械能转换为制冷剂的高温内能,高温内能输入室内空气,能量品位再次下降,最后由室内高温空气散到室外环境,能量品位下降到不能下降为止。

由此过程看到,能量在输配过程中,太阳能的变化是由低品位能→高品位能→低品位能,低品位太阳能变为高品位热能或电能,验证了热力学第二定律中的㶲定义;只要高于环境温度的能量都具有㶲;而电能始终都是高品位能→低品位能的变化过程,能量品位最终变为和环境能量品位相同。

3.3 换热过程能量㶲分析

能量分析仅反映了控制体输入能量与输出能量之间的平衡关系;而㶲分析除考虑控制体输入与输出的可用能外,还要考虑控制体内各种不可逆因素造成的㶲损失,㶲分析更能深刻指明能量损耗的本质,找出各种损失的部位、大小、原因,从而指明减少损失的方向与途径。根据㶲的定义可知,评价系统热效率的关键参数之一就是㶲效率 η_{ex}。在热泵系统中,支付㶲为电能,受益㶲为热量,受益㶲越大,㶲效率越高,支付㶲越低,㶲效率也越高。能量在热交换过程及热转化过程中的变化规律会影响系统的整体效率,而㶲及㶲效率是评价换热过程中能量转化效率的重要参数。

3.3.1 集热过程㶲分析

在太阳能辅助空气源热泵辐射采暖系统中所用的集热器为横排真空管集热器,集热管安装角度与地面成 $60°$,符合冬季太阳照射特点。在常规太阳能集热器中,循环水温度高低是评价集热器效能的重要指标,即循环水温度越高,热量㶲越大,集热性能越优越;而在本系统中,所需要的水为低温水,又根据集热器具有"集热温度越高,总集热效率越低"的特点,与常规系统用热规律及热评价规律不同。因此,需要详细分析集热换热过程中的能量守恒及品质变化规律。

横排真空管集热器集热简化模型如图 3-6 所示,真空管为绝热加热系统,太阳辐射加热过程可以简化为恒温热源,管内流体近似认为分层加热,上部被加热到要求温度,流体流出真空管,下部为低温流体流入真空管。为了得到集热器集热过程中的㶲损失,应选真空管太阳能集热器及相关外界作为孤立系统,模型简化为图 3-6。太阳能加热温度为 T_s,环境温度为 T_e,管内上部流体温度为 T_{RG},下部流体温度为 T_{RL}。

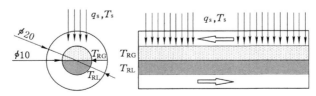

图 3-6　横排真空管集热器集热简化模型

集热管内的水在加热过程中为不等温换热过程,如图 3-7(a)所示。由于传热过程不是可逆过程,因此,在传热过程中,变化相同的 Δs,热量㶲不相等。只有当传热过程为等温换热时,热量㶲才达到最大值,如图 3-7(b)所示。此处,对工质加热的热源为太阳能,可以近似认为是不变的热源,因此,工质温度升高,即热量㶲增大,㶲损失也会增大。可以看出,虽然在加热热源不变的情况下,提高工质温度是一件很困难的事情,如果降低工质的温度则可以显著降低热量㶲,即降低了㶲损失,这对于节能也是非常有意义的。

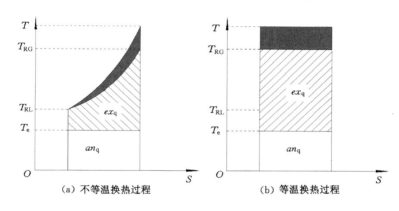

图 3-7　换热过程

通过对集热模型的定性分析,得到了工质变化过程中㶲的变化规律,下面将对整个系统㶲变进行定量分析。设 $\Delta ex_{\mathrm{isor}}$ 为孤立系统的㶲损失(kJ/kg), Δex_{s} 为太阳能加热㶲损失(kJ/kg), Δex_{w} 为循环水㶲损失(kJ/kg),则由简化模型可以得到:

$$\Delta ex_{\mathrm{isor}} = \Delta ex_{\mathrm{s}} + \Delta ex_{\mathrm{w}} \tag{3-45}$$

假设被加热上部水温恒定,则

$$\Delta ex_{\mathrm{w}} = (u_2 - u_1) + p_{\mathrm{e}}(v_2 - v_1) - T_{\mathrm{e}}(s_2 - s_1) \tag{3-46}$$

式中　u_1——初始状态的内能,kJ;

　　　u_2——最终状态的内能,kJ;

　　　v_1——初始状态的比容,m³/kg;

　　　v_2——最终状态的比容,m³/kg;

　　　p_{e}——环境大气压,Pa;

　　　s_1——初始状态的比熵,J/K;

　　　s_2——最终状态的比熵,J/K。

对于太阳能集热器有

$$\Delta ex_{\mathrm{s}} = -ex_{\mathrm{q}} = -(q_{\mathrm{s}} - T_{\mathrm{e}}s_{\mathrm{f}}) = (u_2 - u_1) + T_{\mathrm{e}}\frac{q_{\mathrm{s}}}{T_{\mathrm{s}}} \tag{3-47}$$

式中　ex_{q}——集热过程中工质收益㶲,kJ;

　　　q_{s}——太阳辐射加热量,J。

由此得到

$$\Delta ex_{\mathrm{isor}} = -T_{\mathrm{e}}(s_2 - s_1) + T_{\mathrm{e}}\frac{q_{\mathrm{s}}}{T_{\mathrm{s}}} \tag{3-48}$$

进一步简化为

$$\Delta ex_{\mathrm{isor}} = -T_{\mathrm{e}}C_{\mathrm{p}}\ln\frac{T_{\mathrm{RG}}}{T_{\mathrm{RL}}} + T_{\mathrm{e}}\frac{q_{\mathrm{s}}}{T_{\mathrm{s}}} \tag{3-49}$$

式中　C_{p}——工质定压比热,kJ/(kg·K);

　　　T_{RL}——真空管进水温度,K;

　　　T_{RG}——真空管出水温度,K。

对式(3-49)进行求解,环境温度恒定为 T_{e};太阳辐射可以近似认为是一个恒定加热热源,加热量为一定值 q_{s};整个装置为开式加热系统,系统压力与大气压一致,所以加热过程为定压加热。因此,式(3-49)中系统㶲损失只与 T_{RG}、T_{RL}、T_{s} 有关,当流量不变时,若提高出水温度 T_{RG},则必须提高加热温度 T_{s}。

通过对式(3-49)进行数值模拟,得到图 3-8～图 3-11。提高加热温度会导致加热温差增大,导致㶲损失增加,如图 3-8 所示;相反,降低出水温度则会减小㶲损失,如图 3-9 所示。在实际过程中,集热器进出水温度都是变化的,当集热器进出水温度都上升时,㶲损失逐渐下降,如图 3-10 所示;只有当出水温度升高时,进出水温差增大,集热㶲损失才上升。由此得到启示:增大进出水温差是造成集热器㶲损失的重要因素,也就是尽量增大进出水流量,降低温差有利于集热。

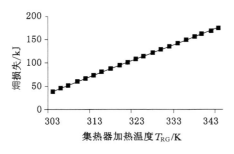

图 3-8　加热温度与㶲损失关系

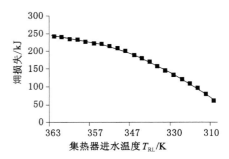

图 3-9　系统㶲损失与集热器出水温度关系

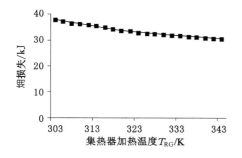

图 3-10　进出水温度都变化时㶲损失

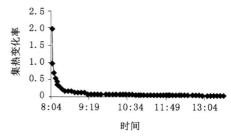

图 3-11　集热变化率随时间变化关系

随着水温的升高,系统集热速率逐渐下降,从图 3-11 集热变化率可以看到,早上 8:00—9:00 左右,此时水箱中温度较低,热量的变化率较大,温度升高也较快;当温度升高到 50 ℃后,温度的变化率逐渐减小,集热量的变化率也逐渐降低;当水温达到 70 ℃左右时,即中午 11:30 左右,集热速率几乎不变。

基于上述分析,还不能得到集热器的加热温度与进出水平均温度差对㶲系统㶲变的影响关系,也无法得到集热器进出水温差变化对㶲损失的定量影响关系。通过式(3-49)发现,集热器的加热温度与进出水平均温度之差可以近似认为是加热温度的变化,进出水温差可以近似认为是出水温度的变化,进水温度恒定。因此,对式(3-49)进行微分得到:

$$d(\Delta ex_{isor}) = d\left(-T_e C_p \ln \frac{T_{RG}}{T_{RL}} + T_e \frac{q_s}{T_s}\right) \tag{3-50}$$

推导得到:

$$\frac{\partial(\Delta ex_{isor})}{\partial T_{RG}} = -\frac{T_e C_p}{T_{RG}} \tag{3-51}$$

$$\frac{\partial(\Delta ex_{isor})}{\partial T_s} = -\frac{T_e q_s}{T_s^2} \tag{3-52}$$

分析上两式知道,当分母发生单位变化时,两边分子可以认为恒定,得到的㶲变化率为

$$\Delta\left|-\frac{T_e C_p}{T_{RG}}\right| < \Delta\left|-\frac{T_e q_s}{T_s^2}\right| \tag{3-53}$$

得到:

$$\frac{\partial(\Delta ex_{isor})}{\partial T_{RG}} < \frac{\partial(\Delta ex_{isor})}{\partial T_s} \tag{3-54}$$

当集热器的加热温度变化时,对系统的㶲变影响大于进出水温差的变化。因此,集热器的加热温度与集热器进出水平均温度差对集热系统㶲变的影响

更大。

对式(3-49)进一步分析,为了使孤立系统的㶲损失降到最低,即使 $\Delta ex_{isor} \rightarrow 0$,即趋近于理想状态,式(3-49)变为

$$T_e C_p \ln \frac{T_{RG}}{T_{RL}} = T_e \frac{q_s}{T_s} \qquad (3\text{-}55)$$

若加热热源温度恒定,则式(3-55)转化为

$$T_e(s_2 - s_1) = T_e \frac{q_s}{T_s} = T_e s_f = an_q \qquad (3\text{-}56)$$

由于 $T_e(s_2 - s_1) = \int T_e ds = Q$,即在理想状态下,被加热工质的热量全部变为热量㶲(an_q),则加热过程为等温加热,即 $T_s = T_{RG}$。

上述分析得到了整个集热系统的热量㶲与进出水温度、加热温度之间的定量及定性关系,下面将分析集热过程的㶲效率。

$$\eta_{ex} = \frac{收益㶲}{支付㶲} \qquad (3\text{-}57)$$

在集热过程中,工质收益㶲为焓㶲 ex_{gh},可表示为

$$ex_{gh} = (h_{RG} - h_{RL}) - T_e(s_{RG} - s_{RL}) \qquad (3\text{-}58)$$

而集热器加热过程的输入㶲为热量㶲 ex_{jr},可表示为

$$ex_{jr} = Q_{jr} - T_e s_f \qquad (3\text{-}59)$$

式中　　η_{ex}——㶲效率;

　　　　h_{RG}——集热器出水焓;

　　　　h_{RL}——集热器进水焓;

　　　　s_{RG}——集热器出水熵;

　　　　s_{RL}——集热器进水熵;

　　　　Q_{jr}——集热器输入的总热量。

把式(3-58)和式(3-59)代入式(3-57)得到

$$\eta_{ex} = \frac{ex_{gh}}{ex_{jr}} = \frac{(h_{RG} - h_{RL}) - T_e(s_{RG} - s_{RL})}{Q_{jr} - T_e s_f} \qquad (3\text{-}60)$$

㶲效率越高,集热效率越高。在式(3-60)中,可以近似认为支付㶲为定值,则

$$\eta_{ex} = \frac{C_p(T_{RG} - T_{RL}) - T_e C_p \ln \frac{T_{RG}}{T_{RL}}}{Q_{jr} - T_e s_f} \qquad (3\text{-}61)$$

图 3-12(a)为加热量与焓变随集热温差的理论值变化关系,即式(3-60)中集热焓变 Δh_R 和加热量 δq_R 随集热温差的变化关系,从式(3-60)知道,$\Delta h_R - \delta q_R$ 越大,集热器㶲效率越大。从图 3-12(a)看到,随集热温差增大,$\Delta h_R - \delta q_R$ 也

在增大,因此,㶲效率也会提高。图 3-12(b)为根据实测数据计算 Δh_R 和 δq_R 分析,从图中可以看到,随时间推迟,集热温差在逐渐增大,$\Delta h_R - \delta q_R$ 也在增大,也证明了图 3-12(a)变化规律的合理性。

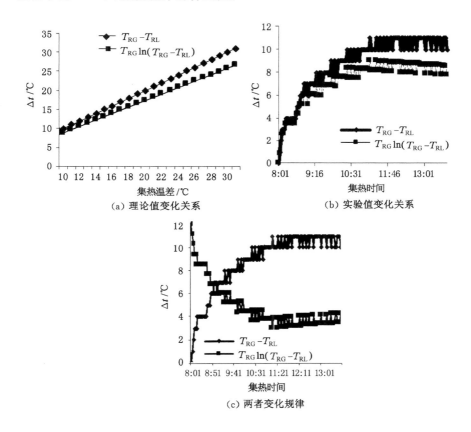

图 3-12　㶲效率随集热温差变化关系

图 3-12 指出了降低传热温差可以增加热量㶲,减少㶲损失;由式(3-48)、式(3-49)、图 3-8~图 3-10 可以看出,实际过程中,集热器的加热温度随循环温度的上升,温差降低,换热过程的㶲损失也上升。与上述结论矛盾的原因是温差降低后,换热量也随之减少,所以㶲损失也随之增加;相反,增大换热温差,也增大了换热量,而降低了㶲损失。若想降低㶲损失,应该降低传热温差,同时增大换热量。下面将通过实验数据分析集热过程的能量变化。

图 3-13 至图 3-16 为某年 12 月 5 日和 12 月 11 日两天的数据分析,这两天室外温度、日照情况变化基本一致,可近似认为是同一天对比数据。图

3-13 中上面的曲线为集热器集热、室内毛细管同时放热时的实时集热功率,下面的曲线为太阳能单独集热功率。在本研究中,太阳能集热量是决定整个系统运行状况的关键因素,它决定了太阳能在整个系统中的贡献比重,集热量越多,则贡献越大。从图 3-13 中可看出,单独集热的集热能力要小于同时蓄放热的集热能力,尤其在中午 11:00—15:00,集热速率差值达到最大。通过上述分析可以知道,传热温差越大,热量㶲越大,循环水在蓄热过程中得到的能量越大,越有利于提高整体的集热量。从图 3-14 可看出,在白天,同时蓄放热集热模式集热量比单独集热模式集热量多出 34 277 kJ,集热量增加了 27%,即同时蓄放热集热模式集热量显著增加。

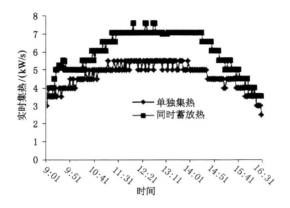

图 3-13　单独集热与同时蓄放热实时集热功率图

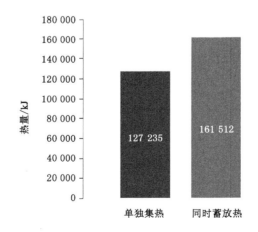

图 3-14　单独集热与同时蓄放热实时集热功率图

图 3-15 为单独集热与同时蓄放热集热的循环进出水温度变化,从图中可看出,随着进出水温度的提高,两种模式的进水温差在不断增大,出水温差也在不断增大。单独集热模式进出水温差变化不明显,平均温差 $\Delta t_{dd} = 9.4$ ℃,同时蓄放热集热模式进出水平均温差 $\Delta t_{xf} = 11.9$ ℃,比单独集热模式进出水平均温差大 $\Delta t_{dx} = 2.5$ ℃,显著提高了集热能力,也增大了热量㶲。基于上述数据,图 3-16 给出了单位面积集热器在两种模式下的平均集热能力,同时结合图 3-9 可知,当集热器出水温度降低越大,单位面积集热器集热能力越强,集热效率越高,集热量也就越多。因此,在本系统中,太阳能热水作为蒸发器低温热源,在蒸发器吸热不受各因素明显影响的条件下,应尽量降低蒸发器的进水温度,从而可以从整体上提高集热器的集热效率,增加集热量。

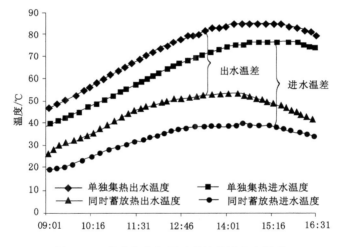

图 3-15 单独集热与同时蓄放热进出水温度

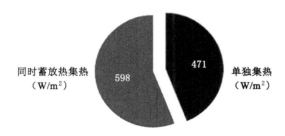

图 3-16 白天集热器每平方米平均集热功率

3.3.2 蒸发器及板式换热器中制冷剂蒸发过程㶲分析

在本研究中,蒸发器的换热过程有两种模式:一是制冷剂和室外空气换热,二是制冷剂和太阳能热水换热。无论哪一种换热过程,都是热源放热、制冷剂吸热蒸发的过程,只是这两个热源的温度不同,而内部的蒸发吸热过程由于进行得较快,可以近似认为是一个定压吸热膨胀过程。设室外温度为 T_a,太阳能热水温度为 T_s,由于压缩过程可以近似认为是一个稳态稳流过程,质量流量相等 $\delta m_{1a} = \delta m_{2a}$,又由于该过程中可以忽略制冷剂在流动过程中的动能和势能,即过程中压力恒定,控制体内状态恒定,因此,$\Delta EX_{za} = 0$,式(3-62)变为式(3-63)。制冷剂分别从空气和太阳能热水中吸热,只是吸热温度不同,$T_s > T_a$,因此,两个模式下的㶲平衡方程相同[2]。

$$\Delta EX_{za} = \int \delta m_{1a} h_{1a} - \int \delta m_{2a} h_{2a} + EX_{qa} \qquad (3\text{-}62)$$

$$\int \delta m_{1a} h_{1a} - \int \delta m_{2a} h_{2a} + EX_{qa} = 0 \qquad (3\text{-}63)$$

式中　　ΔEX_{za}——控制体㶲变,kJ;

EX_{qa}——热量㶲,kJ;

δm_{1a}——流入控制体的质量,kg;

h_{1a}——流入控制体的焓,kJ/kg;

δm_{2a}——流出控制体的质量,kg;

h_{2a}——流出控制体的焓,kJ/kg。

由于 $\int \delta m_{1a} h_{1a} - \int \delta m_{2a} h_{2a} = EX_{1ha} - EX_{2ha}$,因此式(3-63)可以写成

$$EX_{2ha} - EX_{1ha} = EX_{qa} \qquad (3\text{-}64)$$

式中　　EX_{1ha}——流入的热量㶲,kJ/kg;

EX_{2ha}——流出的热量㶲,kJ/kg;

EX_{qa}——从空气热源中得到的热量㶲,kJ/kg。

从两个热源分别得到的热量㶲为 EX_{qa} 和 EX_{qs}。

从空气中得到的热量㶲为

$$EX_{qa} = \int q_a \left(1 - \frac{T_e}{T_a}\right)$$

式中　　q_a——从空气中吸收的热量,kJ;

T_a——空气温度,K。

从太阳能热水中得到的热量㶲为

$$EX_{qs} = \int q_s \left(1 - \frac{T_e}{T_s}\right)$$

式中　　q_s——从太阳能热水中吸收的热量,kJ;

T_s——太阳能水温,K;

EX_{qs}——从太阳能热源中得到的热量㶲，kJ/kg。

在吸收相同热量时，即 $q_s = q_a$，则 $EX_{qa} < EX_{qs}$。在实际运行中，由于 $q_a \ll q_s$，则 $EX_{qa} \ll EX_{qs}$。而按照理想工况的可逆循环的假设，制冷循环中的最小冷量㶲等于最大热量㶲。图 3-17 为蒸发器在空气中吸热过程㶲变平衡，图 3-18 给出了冷量㶲的变化图。

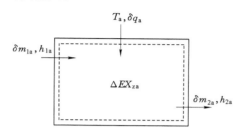

图 3-17　蒸发器在空气中吸热过程㶲变平衡

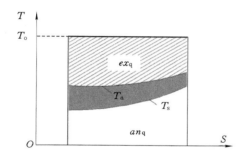

图 3-18　两种模式下冷量㶲的变化

3.3.3　辐射毛细管放热过程㶲分析

当室内采用散热器、空调器、辐射板等不同方式进行供热时，应分析不同方式供热方案的优劣。对同一个房间进行供热，假设负荷为稳态负荷，热负荷设为 q，室内温度设定为 t，室外空气温度为 t_0，则从下面的分析可看到，为了使室内温度保持 t，无论采用哪一种方式，投入总能量都一样，无法比较三种方案的优劣。

（1）散热器。$\omega = 0$，加入的热量等于热力学能的增加，其中自然对流加热量 $q_1 = A_1 h_1 (T_1 - T)$，辐射加热量 $q_2 = \varepsilon A_1 \sigma_1 (T_1^4 - T^4)$，总投入热量 $q = q_1 + q_2$。

（2）空调器。机械对流加热量 $q_3 = A h_2 (T_2 - T)$，消耗的功等于热力学能增加，$\omega = \Delta u$，总投入热量 $q = q_3 + \Delta u$。

（3）辐射板。总投入热量 $q = A_2 K_2 (T_2^4 - T^4)$。

式中　q_1——自然对流加热量,kJ;

　　　q_2——辐射加热量,kJ;

　　　q_3——机械对流加热量,kJ;

　　　A_1——散热器面积,m^2;

　　　A_2——辐射板面积,m^2;

　　　T_1——加热温度,K;

　　　T——室内温度,K;

　　　ε——辐射率,$W/(m^2 \cdot K)$;

　　　σ_1——辐射常数

　　　h_1——散热器对流换热系数,$W/(m^2 \cdot K)$;

　　　h_2——空调器对流换热系数,$W/(m^2 \cdot K)$;

　　　ω——做功量,J;

　　　Δu——内能变化,J;

　　　K_2——表面辐射换热系数,$W/(m^2 \cdot K)$。

　　维持相同的室内设定温度,三种模式总投入的热量相等,从能量的数量上不能区分优劣。取加热器、空气环境及相关外界作为孤立系统,由于三种加热模式的区别在于室内加热温度不同,可以表述如图 3-19 所示,并简化为同样的孤立系统,对三种模式的加热方式列㶲变方程。

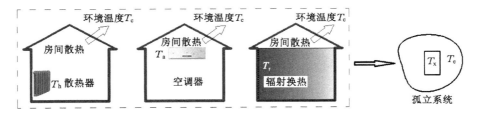

图 3-19　三种加热模式的简化模型

（1）散热器系统㶲变

$$\Delta ex_{isoh} = \Delta ex_{hex} + \Delta ex_{env} \tag{3-65}$$

式中　Δex_{isoh}——散热器的㶲变,kJ;

　　　Δex_{hex}——换热器的㶲变,kJ;

　　　Δex_{env}——环境的㶲变,kJ。

　　由于环境温度和散热器温度都假设为恒定,由散热器散出的热量全部进入环境,并变成和环境温度一样的状态,因此,$\Delta ex_{env} = 0$,散热器输出的热量㶲全部变为㶲损失

$$\Delta ex_{\text{isoh}} = \Delta ex_{\text{hex}} = ex_{\text{qh}} = Q - T_e s_f \tag{3-66}$$

式中　ex_{qh}——热量㶲,kJ。

对于散热器

$$\Delta ex_{\text{isoh}} = Q - T_e \int \frac{\partial Q}{T_h} \tag{3-67}$$

（2）空调器系统㶲变

$$\Delta ex_{\text{isoa}} = \Delta ex_{\text{hex}} + \Delta ex_{\text{env}} \tag{3-68}$$

空调器输出的热量㶲全部变为㶲损失

$$\Delta ex_{\text{isoa}} = \Delta ex_a = ex_{\text{qa}} = Q - T_e s_f \tag{3-69}$$

空调器的㶲方程和散热器的㶲方程假设及推导过程相似,同理可得

$$\Delta ex_{\text{isoa}} = Q - T_e \int \frac{\partial Q}{T_a} \tag{3-70}$$

（3）辐射板系统㶲变

$$\Delta ex_{\text{isor}} = \Delta ex_{\text{hex}} + \Delta ex_{\text{env}} \tag{3-71}$$

辐射板输出的热量㶲全部变为㶲损失

$$\Delta ex_{\text{isor}} = \Delta ex_r = ex_{\text{qr}} = Q - T_e s_f \tag{3-72}$$

辐射板的㶲方程和散热器的㶲方程假设及推导过程也相似,同理可得

$$\Delta ex_{\text{isor}} = Q - T_e \int \frac{\partial Q}{T_r} \tag{3-73}$$

三种散热模式下的热量㶲变化过程和能量品位变化过程如图 3-20 和图 3-21 所示。由于温度的高低不同,具有梯级传热能力,其中,散热器温度＞空调器温度＞辐射板温度,即 $T_h > T_a > T_r$,因此得到 $\Delta ex_{\text{isoh}} > \Delta ex_{\text{isoa}} > \Delta ex_{\text{isor}}$。

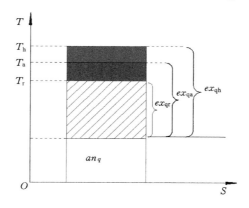

图 3-20　三种散热模式下的热量㶲变化过程

图 3-21　能量品位变化过程

由式(3-73)得到

$$\Delta ex_{iso} = Q\left(\frac{T_r - T_e}{T_r}\right) \qquad (3-74)$$

$$(\Delta ex_{iso})' = \left(Q - \frac{QT_e}{T_r}\right)' = \frac{QT_e}{T_r^2} \qquad (3-75)$$

图 3-22 显示,当环境温度 $T_e = 1$ ℃较小时,随着加热温度的升高,㶲损失逐渐增加,但当温度超过 20 ℃时,随着加热温度的增加(大大高于环境温度 T_e),㶲损失增加速度降低。此处也反映了热量㶲随着加热温度的升高,增加速度逐渐降低,因此,通过提高加热温度来提高热量㶲的方法效果不明显。图 3-23 显示,当环境温度 $T_e = 10$ ℃时,随着加热温度的升高,在低温时速度变化较快,㶲损失变化速度较快;在高温时,㶲损失变化速度较慢。此处环境温

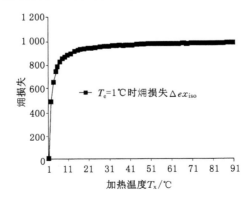

图 3-22　低环境温度时㶲损失随加热温度变化

度 T_e 为大气温度,保持不变;同理,如果把室内恒温环境当作大气环境,同样可以得到上述结论,即室内温度与加热温度在相同量级时,㶲损失变化明显,在此阶段进行节能设计效果显著。从图 3-23 还看到,当能够满足室内温度时,加热温度和环境温度越接近,㶲损失变化越剧烈,节能效果越显著。图 3-24 为㶲损失变化率变化曲线,从图中明显看到,加热温度越低,㶲损失变化率越大,当加热温度超过 30 ℃以后,㶲损失变化率变化不明显。

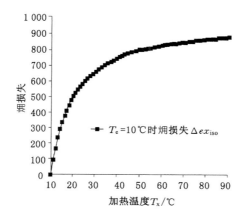

图 3-23　高环境温度时㶲损失随加热温度变化

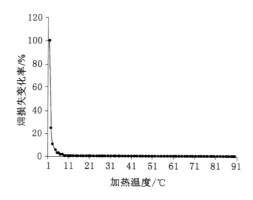

图 3-24　㶲损失变化率与加热温度关系

由上述分析可知,㶲损失与热源温度 T 有关,T 越高,即传热温差越大,㶲损失越大。因此,在换热过程中应尽量减小传热温差,增大换热面积,所以,用辐射换热方式也就是增大换热面积,减小换热温差。同时,在供暖初期和后期,室内设定温度有所提高,此时适当降低加热温度,可大幅减少能量损失,是节能的重要阶段。

3.3.4　冷凝器换热过程㶲分析

冬季空调系统通过冷凝器向室内散热,冷凝器中高温制冷剂与空气进行换热,使空气维持在设定温度。通过分析冷凝器与空气换热过程中的㶲变,可以解释该换热过程中能量品位的变化。由前文空调器㶲分析得到,冷凝器中制冷剂的热量㶲随着制冷剂温度的升高而升高,而这部分㶲将变为热量。即冷凝器中㶲越大,㶲损失越大,因此,在冷凝器的放热过程中应尽量降低制冷剂的温度。

3.4　本章小结

通过本章研究得到如下重要结论:

(1)增大换热温差,系统的熵流就增大,熵产也增大,即当换热过程的熵流增大,可以提高制热系数,改善系统循环效率,有利于系统的节能。

(2)增大集热器进出水温差是造成集热器㶲损失的重要因素,尽量增大进出水流量、降低温差有利于集热。

(3)增大传热温差会增大热量㶲,在供热系统中,获得高热量㶲并不是本课题目的,而获得更多的热量是本课题的关键,因此,降低传热温差,降低了热量㶲,提高了总的集热量。

(4)在集热管端,传热温差越大,热量㶲越大,循环水在蓄热过程中得到的能量越大,越有利于提高整体的集热量。

(5)太阳能热水作为蒸发器低温热源,在蒸发器吸热受影响不明显的条件下,应尽量降低蒸发器的进水温度,从而可以从整体上提高集热器的集热效率,增加集热量。

(6)当能够满足室内温度时,加热温度和环境温度越接近,㶲损失变化越剧烈,节能效果越显著,室内温度与加热温度在相同量级时,㶲损失变化明显,在此阶段进行节能设计效果显著。

(7)当加热温度为环境温度6倍以上时,通过降低加热温度减少㶲损失效果不显著。

(8)虽然降低加热温度对㶲损失的降低不显著,但高温热源的㶲效率却可以大幅提高。

参考文献

［1］杨世铭,陶文铨.传热学［M］.4 版.北京:高等教育出版社,2006.

［2］沈维道,童钧耕.工程热力学［M］.4 版.北京:高等教育出版社,2007.

第4章 热管太阳能辐射采暖系统

电辅助太阳能辐射采暖系统适合太阳能资源丰富地区的别墅、低层办公建筑及农村住宅。太阳能采暖技术目前还处于初期阶段[1]，我国受经济水平的制约，主动式太阳能采暖系统发展一直比较缓慢。为了推动太阳能采暖的发展，我国政府制定了一系列政策来推动太阳能采暖技术的发展与应用[2]。通过对国内外资料的查询发现，目前还没有关于热管太阳能低温辐射采暖系统节能研究的报道，因此课题组在河北省燕郊国家高新产业开发区华北科技学院某太阳能采暖示范工程中对不同主动式太阳能采暖系统进行了实验研究。本章内容包含两套系统：独立双循环电辅助真空管太阳能地板辐射采暖系统和电辅助热管太阳能顶板辐射采暖系统。

4.1　独立双循环电辅助真空管太阳能地板辐射采暖系统

传统系统模式中，热管太阳能集热系统造价高，电加热装置功率大，放在大水箱中加热时间长、效率低，且间歇加热致使水温波动大，供热效果差。

为了克服上述缺点，本书提出了一种独立双循环电辅助真空管太阳能地板辐射采暖系统，该系统采用热管太阳能蓄热技术、变容双循环技术、高效节能水箱和低温辐射放热技术，系统原理图如图4-1所示。

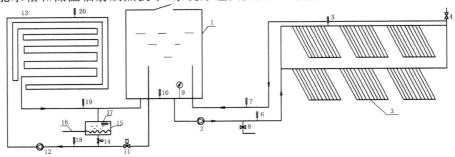

1—大水箱；2—集热水泵；3—太阳能热管；4—放气阀；5,6,7,10,17,18,19,20—温度传感器；
8—泄水阀；9—压力表；11—大循环电磁阀；12—室内循环泵；
13—室内地盘管；14—小循环电磁阀；15—小水箱；16—电加热器。

图4-1　系统原理图

（1）热管太阳能蓄热技术：采用真空管太阳能集热器，其在 60 ℃ 以上的工作温度下仍具有较高的热效率，甚至在寒冷的冬季也具有较高的热效率[3]，另外采用真空管集热器的造价比采用热管集热器降低了一半以上；为了充分利用太阳能并解决水系统防冻问题，晚上将集热器中的水排空到水箱，设置真空管供回水管排空坡度为 1/100，并用热熔管道连接。

（2）变容双循环技术：大水箱、室内循环泵及室内地盘管组成大循环，小水箱、室内循环泵及室内地盘管组成小循环，大水箱和小水箱并联，电热器放在小水箱中，初始加热时间短，电加热器连续运行，供热稳定。

（3）高效节能水箱：依据水的温度分层理论和特性，对水箱中辅助加热设备和管道进行了科学设计，使蓄、放热过程中冷热水完全分开，保证了水箱中高温水的品质不被破坏。依据热力学熵理论，避免水箱中上层高温水与下层低温水掺混，可以有效避免能量贬值，保证能量品质。

4.1.1　系统参数设置

1. 太阳能集热器倾角

影响集热器接收太阳辐射量的主要因素为：集热器倾角、方位角以及太阳辐射分布情况。对于北半球，方位角为 0°时可使集热器接收到的太阳辐射量最大。据北京典型气象年气象参数（选自《中国建筑热环境分析专用气象数据集》），可以计算得出北京各月使得集热器接收到的太阳辐射量为最大的最佳倾角，如图 4-2 所示。从倾斜面太阳辐射的计算方法[4]可以看出，集热器各月的最佳倾角相差很大，它与纬度和气候特征有关，在冬季供暖季（11 月 15 日～3 月 15 日），除了 3 月份最佳倾角为 42°外，其他月份（11、12、1、2 月）均大于60°，本课题考虑到场地限制、施工等问题，将集热器倾角设计为 60°。

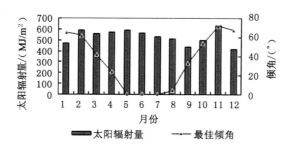

图 4-2　北京市月最佳倾角所获得的太阳辐射量

2. 太阳能集热器面积

工程中设计室内温度最低为 13.5 ℃，最高为 17 ℃。通过 DeST 建立本工程模型,将系统的数据参数输入程序计算负荷,采暖季从 11 月 15 日开始,到次年的 3 月 15 日结束,这段时间建筑的逐时动态热负荷如图 4-3 所示。对本系统分析后统计得出采暖季平均热负荷为 6 490 W。

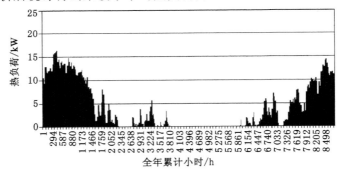

图 4-3　建筑的逐时动态热负荷

　　根据直接系统集热器总面积计算公式及相应参数(见表 4-1),可得到理论条件下集热器的面积为 26.47 m²,因在实验过程中建筑遮挡了大约 1/3 集热器面积,所以实际布置的集热器面积为 30 m²。在本系统中安装了两组太阳能集热器,每组集热器的面积为 15 m²,两组集热器并联。

表 4-1　集热器面积计算参数取值

名称	建筑物负荷 /W	日太阳辐照量 /[J/(m² · d)]	平均集热效率 /%	太阳能保证率 /%	装置热损失率 /%
符号	Q_H	J_T	η_{cd}	f	η_L
取值	6 490	19 260 000	70	50	15

3. 水箱容量

　　热水箱容量的大小受太阳能集热管面积、室内采暖面积、办公类型及室内设定温度高低等参数影响,在本系统中,经过初步计算,把大水箱的容量定为 500 L。

　　根据先前搭建采暖热水系统的经验和系统理论的经验,小水箱的容量设为 20 L。采用聚氨酯对储热水箱进行保温。

4. 室内地埋管放热系统

　　辐射采暖设计室温相比传统的供暖方式低 2～3 ℃[5-6],且热源热储量更大,因而热惰性更强,当热水流量和温度波动时,热源可以相应地储存和释放热量,以保证室内的温度基本稳定[7]。地板采暖与常规采暖方式相比更舒适。

另外,辐射采暖具有不破坏和不占用室内空间、便于调节和控制、便于进行单户热计量[8]等优点。

　　本太阳能地板辐射采暖系统用于北京市某别墅,以满足别墅冬天采暖需求。地板辐射采暖管路材料选用 PE-RT 管,采用平行布置,地暖盘管的间距为 300 mm 左右。地板辐射采暖结构如图 4-4 所示,地面结构材料及其厚度参数见表 4-2。

图 4-4　地板辐射采暖结构

表 4-2　地面结构材料及其厚度参数

材料名称	厚度/m	导热系数/[W/(m² · K)]
地面装饰层	0.01	0.130
水泥砂浆层	0.06	1.510
反射膜层	0.01	0.035
保温板层	0.03	0.035
混凝土楼板层	0.10	2.530

4.1.2　智能控制装置

　　智能控制方式主要有定温控制、温差控制、光电控制和定时控制四种。

　　光电控制一般利用光敏元件,根据太阳辐照强度控制水泵启停,太阳辐照强时系统强制循环运行,辐照低时系统停止运行。 定时控制是通过设定时间来控制系统运行,在阴雨天效果差,但需要跟踪太阳的聚焦型太阳能系统一般采用这种控制方式。 这两种控制方式效果差,系统集热效率低,应用范围较小。

　　定温控制和温差控制是强制循环的太阳能热水系统中最常采用的控制方式,利用温度和温差作为驱动信号控制系统阀门的启闭和水泵的启停,实现系统的自动运行。

　　本系统采用温差控制,其系统组成主要有温度监测系统、水量监测系统、水泵启停控制系统、电磁阀控制系统、阀门运行系统、水泵运行系统、压力监测系统、状态监测系统、恒温控制系统。 系统温度测点布置如图 4-5 所示。

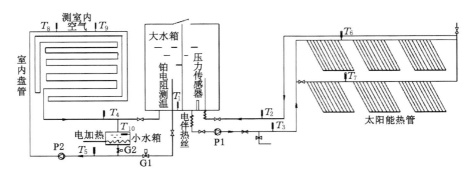

T_1—大水箱温度;T_2—太阳能热管回水温度;T_3—太阳能热管进水温度;

T_4—室内回水温度;T_5—室内供水温度;T_6—上排集热器温度;

T_7—下排集热器温度;T_8—室内空气温度1;T_9—室内空气温度2;T_{10}—小水箱温度。

图 4-5　系统温度测点

1. 运行控制

本太阳能采暖系统采用温差控制方式,如图 4-5 所示。

(1) 太阳能集热系统

白天 8:00—18:00,当 T_6 或 $T_7 \geqslant 35$ ℃时,水泵 P1 启动;当 T_6 或 $T_7 <$ 30 ℃时,水泵 P1 停止运行。

夜间 18:00—次日 8:00,水泵 P1 停止运行。

任何时候,T_2 或 $T_3 < 5$ ℃,水泵 P1 运行 10 min。

(2) 采暖系统

当 $T_1 > 25$ ℃,且 T_8 或 $T_9 < 25$ ℃,电磁阀 G1 打开,G2 关闭,启动水泵 P2。

当 $T_1 < 25$ ℃或 $T_{10} > 50$ ℃,电磁阀 G2 打开,水泵 P2 启动,G1 关闭,电加热间歇运行(运行 1 h,停止 1 h)。

当 T_8 与 $T_9 > 25$ ℃,水泵停止运行。

当 T_4 或 T_5 或 T_8 或 $T_9 < 5$ ℃,电磁阀 G1 打开,水泵间歇运行(运行 0.5 h,停止 0.5 h)。

当 $T_1 < 25$ ℃,电加热运行(设备可靠时可间歇运行);当 $T_1 > 30$ ℃,电加热停止。若 $T_{10} > 50$ ℃,电加热停止 1 h。

2. 防冻控制

在冬季最低温度低于 0 ℃的地区,安装太阳能热水系统需要考虑防冻问题。当系统集热器和管道温度低于 0 ℃时,水结冰体积膨胀,如果管材允许变形量小于水结冰的膨胀量,管道会胀裂损坏。目前,常用的防冻措施有以下几种：

（1）选用热管真空管集热器或全玻璃真空管集热器。

（2）采用间接系统，以防冻液作为集热器一次回路的循环工质。

（3）采用排空、排回系统，达到防冻执行温度后，排空集热器和管路中的水。

（4）采用储水箱热水在夜间自控循环，防止集热器和管道结冰。

（5）在集热器的联箱和可能结冰的管道上敷设电热带。

使用水做工作介质的直接和间接式太阳能集热系统，常采用排空和排回措施，将全部工作介质从安装在室外的太阳能集热系统排至设于室内的贮水箱内，以防止冻结现象发生。所以，当水温降低到某一定值——防冻执行温度时，就应通过自动控制启动排空和排回措施，防止水温继续下降至 0 ℃产生冻结，影响系统安全。防冻执行温度的范围通常取 3～5 ℃，视当地的气候条件和系统大小确定具体选值，气温偏低地区取高值，否则取低值。防冻措施选用可参考表 4-3。

表 4-3　集热管防冻性能

防冻措施	严寒地区	寒冷地区	夏热冬冷地区
热管真空管[①]	●	●	●
全玻璃真空管[②]	—	●	●
防冻液为工质的间接系统	●	●	●
排空系统	—	—	●
排回系统	○[②]	●	●
储水箱热水再循环	○[③]	○[③]	●
联箱和管道敷设电热带	—	○[③]	●

注："●"为可选用；"○"为有条件选用；"—"为不宜选用。防冻措施可通过经验根据系统大小来选择。

① 系统管路应敷设电热带或有排空措施。

② 室外系统排空时间较长时（系统较大，回流管管线较长或管道坡度较小）不宜使用。

③ 方案技术可行，但由于夜晚散热较大，影响系统的经济效益。

3. 防过热控制

太阳能系统过热是常见现象。当系统用热量和散热量低于太阳能集热系统得热量时，储水箱温度会逐步升高，如系统未设置防过热措施，水箱温度会远高于设计温度，甚至沸腾。

系统过热有以下危害：

（1）储水箱水温太高,易发生烫伤事故。

（2）损坏集热器、管件及管路,造成管线寿命降低和管件密封件失效漏水等。

（3）搪瓷水箱或不锈钢水箱会增加水箱的腐蚀速度,缩短水箱寿命。

（4）闭式系统会造成防冻液失效,防冻液从安全阀排出导致系统漏液,并增加系统部件的腐蚀性。

（5）直接系统高温运行,造成系统严重结垢。

系统防过热措施有以下几种:

（1）开式系统。允许储水箱中水沸腾,利用水汽化带走太阳能系统的热量。该方案简单,常用于家用热水器。

（2）闭式系统。利用膨胀罐吸收工质沸腾造成的体积变化,防止系统压力和温度过高,实现系统防过热。

（3）高压闭式系统。太阳能系统预置较高压力,系统在任何状态下可保持不沸腾。

（4）回流系统。当水箱温度大于设定值后,关闭循环水泵,集热器中工质回流到水箱,停止集热器向水箱传输热量,以达到防过热目的。

（5）排空系统或直流系统。当水箱温度大于设定值时,关闭循环水泵,开启排水阀,排空集热器中工质,以达到防过热目的。

（6）带散热装置的过热保护系统。当水箱温度大于设定值后,把集热循环切换到与散热器相连,太阳能集热器得到的热量通过散热装置进行散热,减少向储水箱供热量,保证系统安全运行。

（7）太阳能集热器遮盖法防过热。当水箱温度大于设定温度后,利用自动遮盖装置或人工布置遮盖材料等方法为集热器遮盖一层透光性差的材料,减少投入集热器的太阳辐照,防止系统过热。

水箱防过热温度传感器应设置在储热水箱顶部,防过热执行温度应设定在 80 ℃以内;系统防过热温度传感器应设置在集热系统出口,防过热执行温度的设定范围应与系统的运行工况和部件的耐热能力相匹配,一般常用的范围是 95～120 ℃,当介质温度超过了安全上限,可能发生危险时,用开启安全阀泄压的方式保证安全。

为防止因系统过热造成运行故障或安全隐患而设置的安全阀位置应适当,并配备相应保护措施,保证在泄压时,排出的高温蒸汽和水不会危及周围人员的安全。例如,可将安全阀设置在已引入设备机房的系统管路上,并通过管路将外泄高温水或蒸汽排至机房地漏;安全阀只能在室外系统管路上设置时,通过管路将外泄高温水或蒸汽排至就近的雨水口等;设定的开启压力,应与系统可耐受的最高工作温度对应的饱和蒸汽压力相一致。

4.1.3　实验结果分析

1. 蓄热实测分析

本系统主要是在冬季为采暖系统提供热水,通过太阳能热管收集热量,当 $T_1 > 30\ ℃$ 时使用太阳能供热,也就是大循环工况;当 $T_1 < 25\ ℃$ 时使用电加热器加热小水箱里面的热水,由电加热器承担室内负荷,即系统进入小循环工况。

（1）蓄热逐时温度分析

大水箱的蓄热大多从早上 7:00 开始一直到下午 5:00,但是因为大水箱的蓄热,太阳能供热循环可以维持到 23:00。以 2015 年 2 月 11 日为例来分析该系统一天中逐时温度变化情况,结果如图 4-6、图 4-7 所示。

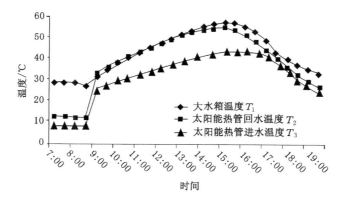

图 4-6　集热管及大水箱温度

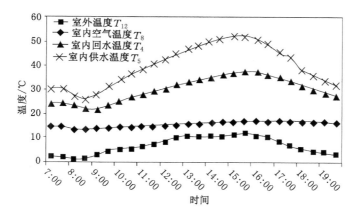

图 4-7　室内外温度变化曲线

主要温度变化情况如下：

① 室内温度没有跟随室外温度变化而变化，适合人的居住和工作，室内温度 T_8 基本保持在 15 ℃，这也体现了本系统的供热稳定性。

② 集热器从 8:00 开始接收太阳辐射，8:30 水箱温度开始升高。

（2）蓄热能量分析

通过对逐时温度的分析我们知道了系统温度随时间的变化情况。为了更直观地获得系统的节能性能与蓄热能力，还需将温度变化转化成能量的变化，如图 4-8、图 4-9 所示。

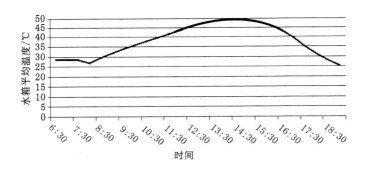

图 4-8　水箱平均温度变化曲线

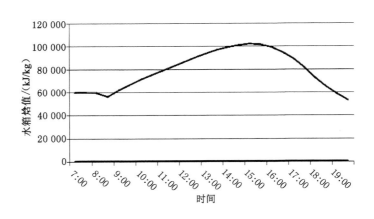

图 4-9　水箱焓值曲线

大水箱温度约在早上 8:50 达到 30 ℃，此时大循环开始；大约在晚上 22:00 之后温度低于 25 ℃，系统也开始进入小循环工况。

（3）蓄热能效分析

水箱的能量来自太阳辐射，一部分承担室内的负荷，另一部分储存在水箱内。储存起来的热量会因传热而散失一部分，这是蓄热的主要热力损失。水箱（设有保温层）置于设备房内，设备房温度维持在 0 ℃。

如图 4-10、图 4-11 所示，在下午 14:30 之前大水箱的蓄热功率是大于放热功率的。这段时间大水箱的蓄热能力会一直增大，之后就会不断降低。如图 4-11 所示，蓄热功率曲线与时间轴围成的面积比放热功率曲线与时间轴围成的面积大。经计算，大水箱的蓄热平均功率是 3.55 kW，放热平均功率是 3.31 kW。由蓄热能效＝放热量/蓄热量×100%，得到大水箱的蓄热能效是 93.2%。

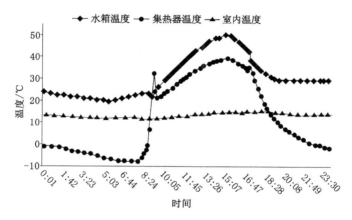

图 4-10　室内、集热器、水箱温度变化曲线

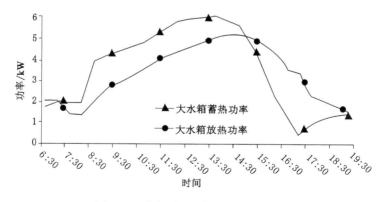

图 4-11　水箱蓄热、放热功率变化曲线

2．放热实测分析

本系统的理想放热效果是热量全部用于承担室内负荷，但是水箱、管线的散热会导致部分热量散失。

（1）放热逐时温度分析

大水箱里面的热水通过水泵进入室内，由地暖盘管向室内辐射散热承担负荷。由于室内温度受室外温度和供水温度影响，室内外温差越大，负荷越大。因为使用地暖辐射采暖，所以散热速度缓慢，存在热延迟，但这也使得系统的循环水温较低时不会使室内温度迅速降低，使人感到不适应。

如图 4-12 所示，大循环工况下室内的温度几乎维持在一个舒适的范围内不变，太阳能的蓄热足以承担白天的负荷。

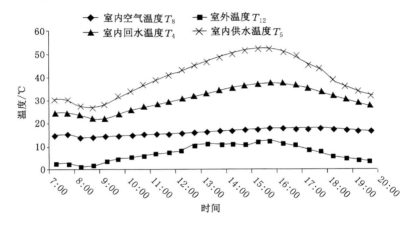

图 4-12　大循环工况的室内温度变化曲线

（2）放热能量分析

日间供水温度最高可以达到 52 ℃，散热量会比夜晚高，散热功率也相应变大。这些热量一部分直接辐射进入室内承担室内负荷，另一部分则会储存在地板中。在夜里供水温度较低时，这些储存的能量会释放出来维持室内温度。如图 4-13 所示。

地板辐射采暖存在较长的热延迟，不能迅速地调节室内温度，但是这也使得室内温度的波动不会太大。

白天太阳能吸热量大的时候，供回水温度高，供热能力大，如图 4-14 所示，室内温度有缓慢增加，但不明显。夜间电辅助加热器加热量比实际负荷要小一点，但是地板的蓄热会释放热量，维持了室内温度的平衡，同时节约了电加热的耗能。

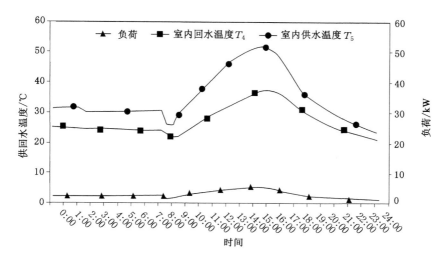

图 4-13　供回水温度及负荷变化曲线

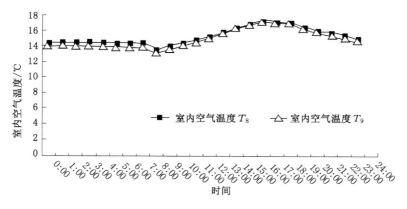

图 4-14　室内温度变化曲线

（3）室内温度分析

室内温度的最低点出现在早上 8:00。早上太阳能热管吸收太阳能,对大水箱加热。当大水箱测点温度达到预设的 30 ℃时,系统改为大循环工况。在变更工况时,系统不如之前稳定,出现了温度的波动,这也导致了温度最低点的出现。但随着太阳能热管对系统的加热,系统温度上升,室内温度也很快地随之上升。

室内温度最高为 16 ℃,最低为 13.5 ℃,温度波动为 2.5 ℃,温度比较稳定。本系统采用的是辐射采暖,与对流采暖不同的是,对流采暖对周围的热辐射强度低,所以综合温度并不高,而辐射采暖的综合温度较高,因此辐射采暖的空气温度加上 2～3 ℃的修正系数,可以达到对流采暖同样的舒适度。

3. 辅助加热实测分析

晚上,当大水箱温度低于 25 ℃时,则不足以保证室内舒适的温度,系统自动切换到小循环工况,由辅助加热器提供热量。

(1)辅助加热模式下温度分析

与太阳能采暖不同的是,电加热系统更稳定。当系统运行模式转换到小水箱循环工况运行时,电加热器迅速地加热小水箱中的水。小水箱的温度保持在 32～35 ℃之间,室内温度维持在 14.3 ℃。早上,太阳能集热器持续不断吸收太阳能,热量传递到大水箱,当大水箱温度大于 30 ℃时,系统运行转换为太阳能采暖循环工况,电辅助加热停止工作。室内外温度及小循环工况温度变化曲线如图 4-15 和图 4-16 所示。

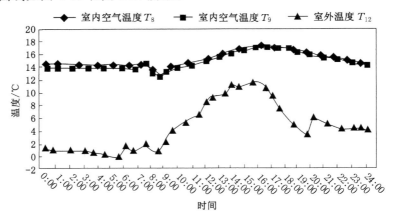

图 4-15　室内外温度变化曲线

(2)辅助加热效率分析

$$Q_1 = Cm\Delta T \tag{4-1}$$

$$\eta = \frac{Q_1}{P} \times 100\% \tag{4-2}$$

式中,Q_1 为被室内采暖消耗的热量,kW;C 为热工质水的定压比热,kJ/kg;m 为热工质水的质量流量,kg/s;ΔT 为热工质水的地暖供回水温度差,℃;η 为热量的利用效率;P 为电辅助加热器的功率,kW。

将本系统相关参数代入式(4-2)计算得

$$\eta = 4.18 \times 0.073 \times 6.07/2 \times 100\% = 92.6\%$$

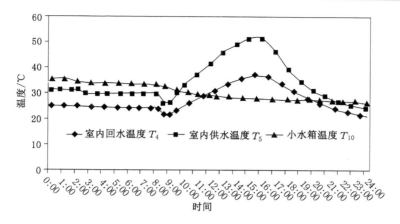

图 4-16　小循环工况温度曲线

4.1.4　应用效果分析

1. 不同室外温度下能量分析

室外温度是影响负荷的主要原因,当室外温度变化时室内会产生负荷变化。下面以 2015 年 2 月 1 日监测数据为例,分析不同室外温度对室内温度的影响。

供水温度会因为工况的变化而变化。供水温度通常低于工作水箱温度,而高于非工作水箱温度,只有在切换工况时才会出现供水温度同时低于两个水箱温度的情况,多数情况下供水温度处于二者之间(见图 4-17)。

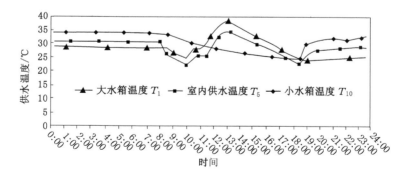

图 4-17　供水温度变化曲线(2015-02-01)

供回水温度会在切换工况时有较大波动,室外温度在白天也有较明显的温升,室内温度则因地板辐射采暖的热延迟特性而一直处于稳定状态,无明显温度波动(见图 4-18)。

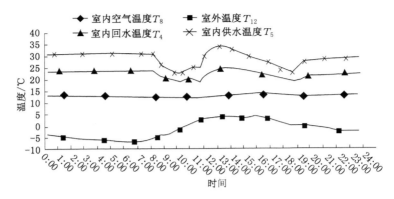

图 4-18　环境温度变化曲线（2015-02-01）

　　从图 4-19～图 4-22 中可以看出，室外温度的变化对太阳能热管的集热能力有明显影响，大水箱温度在室外温度高的时候可达 55 ℃，而在室外温度低的时候只能达到 35 ℃ 左右。

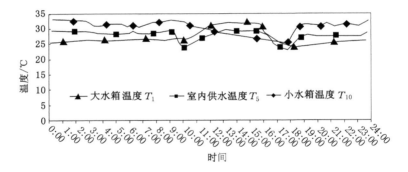

图 4-19　供水温度变化曲线（2015-02-02）

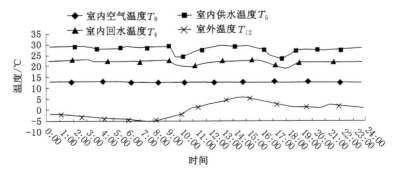

图 4-20　环境温度变化曲线（2015-02-02）

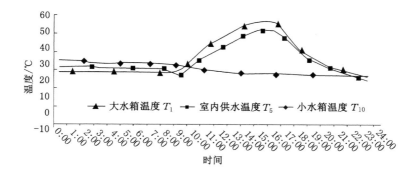

图 4-21　供水温度变化曲线(2015-02-11)

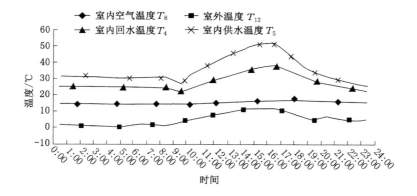

图 4-22　环境温度变化曲线(2015-02-11)

　　室外温度低的时候大水箱温度明显降低,太阳能集热量也明显降低,需要电辅助加热的时间增加明显。同时,室内温度也受到了一定的影响,2 月 11 日最高室内温度为 17.2 ℃,2 月 1 日最高室内温度只有 14.1 ℃。

　　当太阳能集热器热管进口的流量产生改变时,热管太阳能集热板的集热效率因子也会改变。热管进口流量是通过影响太阳能集热管内导热系数来改变集热效率因子的。与此同时,假如热管进口流量过大,则得到的热水温度不够。所以水流量大小应根据工程情况选取合适大小。

　　2. 系统经济性分析

　　本工程面积为 120 m²,北京市居民供热费用为 24 元/m²,则每年采暖费用为 2 880 元。

　　电辅助加热器的功率为 2 kW,平均工作时间为夜间 23:00 至次日 8:00,

时长 9 h,耗电量 18 kW·h(每月消耗电量 540 kW·h)。北京市供暖时长为 120 d,总耗电量为 2 160 kW·h,按北京市居民阶梯电价收费标准,采暖季总费用为 1 502.73 元,每年节约采暖费用 1 377.27 元,占采暖费用的 47.82%,回收期预计 5 年内。

4.2 电辅助热管太阳能顶板辐射采暖系统

4.2.1 系统参数设置

太阳能集热器选型及倾角均与 4.1 节相同,本系统太阳能集热器的面积为 6.48 m²。在本系统中安装了两组太阳能集热器,采用串并联 Z 形连接方式。

该系统与 4.1 节中所述系统不同之处有两点:① 电辅助集热水箱;② 屋顶毛细管网辐射。

循环电辅助热管太阳能低温辐射采暖系统(见图 4-23),由水箱、室内循环泵及室内屋顶盘管组成循环系统,电加热器放置在水箱中。为了充分利用太阳能并解决水系统防冻问题,采用了热管太阳能集热器,只在热管集连箱内有循环水,循环水量是普通真空管系统循环水量的 1/20,使夜间水系统排空难度和排空时间大大降低,循环热损失明显减小,不但提高了热效率,还有效解决了冻管问题。

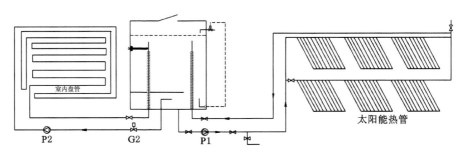

室内盘管

太阳能热管

P2   G2   P1

图 4-23 系统原理图

1. 电辅助集热水箱

该水箱至少包含蓄热管路、放热管路、辅助加热设备、自动补水装置和防止高低温水掺混装置。带电辅助加热的高效太阳能辐射采暖水箱,适用于太阳能辐射采暖系统,解决了普通太阳能水箱中由于冷热水掺混造成蓄、放热效率低,电辅助加热时间过长,能耗高等问题。

该装置是依据水的温度分层理论和热力学熵理论而设计的,其特点在于蓄热回水管出口在水箱上部,做保温处理,蓄热供水管在水箱底部;放热供水管入口在水箱上部,做保温处理,放热回水管在水箱底部,并引到水平方向回水;电辅助加热器放在水箱上部,靠近放热供水管口位置;挡板置于放热回水管上方,有效避免了冷热水掺混。该装置显著提高了蓄热效率和供热效率,降低了辅助加热的功率,减少了辅助加热时间。

2. 屋顶毛细管网

本太阳能低温辐射采暖系统搭建在一楼的实验室,以满足实验室冬季采暖要求。由图 4-24 可知,屋顶表面结构层布置为防水及饰面层—屋顶混凝土板—空气层—挤塑聚苯板—吊顶石膏板—热反射铝箔纸—石膏填充毛细管层—内饰面层。

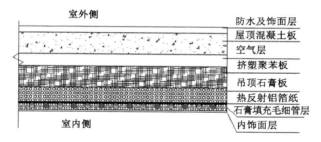

图 4-24　屋顶结构设计图

本系统设计的屋顶辐射采暖系统的屋顶结构材料及相关参数(由外到内)见表 4-4。

表 4-4　屋顶材料

材料	防水及饰面层	屋顶混凝土板	空气层	挤塑聚苯板	吊顶石膏板	热反射铝箔纸	石膏填充毛细管层	内饰面层
厚度/mm	20	100	50	100	50	—	20	5
导热系数/[W/(m²·K)]	0.82	1.74	0.027	0.42	0.33	0.035	0.30	0.93

屋顶辐射采暖的屋顶结构中,空气层、挤塑聚苯板、热反射铝箔纸及石膏填充毛细管层对屋顶辐射采暖系统的稳定运行起到了重要的作用。

4.2.2　智能控制系统

智能控制的作用是优先使用太阳能,且保证太阳能剧烈变化时保持采暖能力稳定,包括对太阳能集热系统的运行控制和安全防护控制,以及集热系统和辅助热源设备的工作切换控制。太阳能集热系统安全防护控制的功能应包括防冻保护和防过热保护。本系统中监控系统主要包括:温度监测系统,水量监测系统,水泵控制系统,压力监测、状态监测及恒温控制系统。系统的参数如图 4-25 所示。

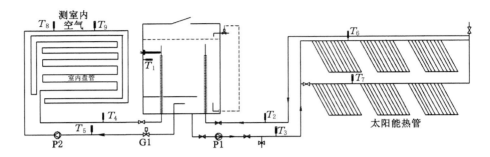

T_1—水箱温度;T_2—太阳能热管回水温度;T_3—太阳能热管进水温度;

T_4—室内回水温度;T_5—室内供水温度;T_6—上排集热器温度;

T_7—下排集热器温度;T_8—室内空气温度1;T_9—室内空气温度2。

图 4-25　系统温度测点

太阳能集热系统采用温差控制方式。

(1) 太阳能集热系统侧

8:00—18:00,当 T_6 或 $T_7 \geqslant 28$ ℃时,水泵 P1 启动,启动后运行 10 min 再次判断,如果 $T_2 - T_3 < 1$ ℃,则停止运行,每次停止后继续判断。

18:00—次日 8:00,水泵 P1 停止运行。

任何时候,T_2 或 $T_3 < 5$ ℃,水泵 P1 运行 10 min。

(2) 室内供暖系统侧

室内空气温度 T_8 或 $T_9 < 25$ ℃,启动水泵 P2;如果 T_8 或 $T_9 > 25$ ℃,水泵 P2 停止运行。

(3) 电加热(分两种情况)

若 $T_1 < 25$ ℃,电加热进入运行模式(设备可靠时可间歇运行);若 $T_1 > 35$ ℃,则停止运行,10 min 后继续判断;若 $T_1 > 30$ ℃,则停止运行,10 min 后继续判断。

太阳能集热系统和辅助热源加热设备的相互工作切换宜采用定温控制。在太阳能集热器装置内的供热介质出口处设置温度传感器,当介质温度低于"设计供热温度"时,通过控制器启动辅助热源加热设备工作;当介质温度高于"设计供热温度"后,控制辅助热源加热设备停止工作,以实现优先使用太阳能,提高系统的太阳能保证率。

4.2.3　实验数据分析

1. 蓄热分析

(1) 蓄热逐时温度分析

太阳能的蓄热主要从早上 9:00 开始持续到下午 17:00,但是由于水箱的蓄热,循环可以持续到 23:00。以不同控制策略的 2016 年 2 月 2 日和 2 月 8 日为例分析一天中逐时温度变化情况,如图 4-26、图 4-27 所示。

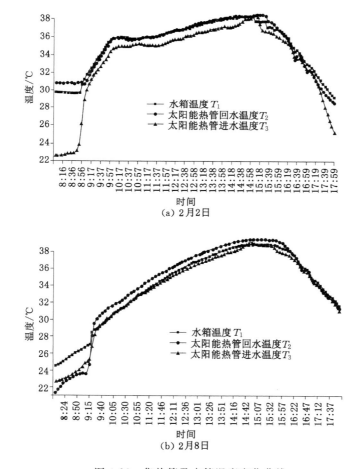

(a) 2月2日

(b) 2月8日

图 4-26　集热管及水箱温度变化曲线

主要温度变化情况如下:

① 2 月 2 日室内温度 T_9 基本稳定在 18 ℃ 左右;2 月 8 日室内温度 T_9 基

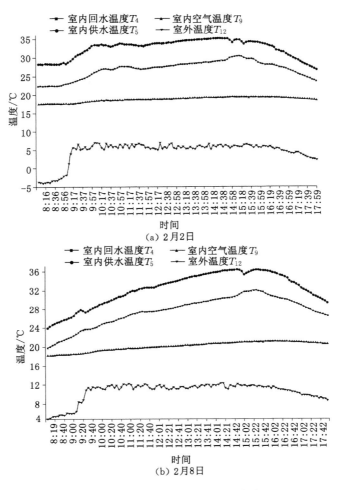

图 4-27　系统放热温度变化曲线

本稳定在 20 ℃左右。室内温度没有因室外温度变化而波动,适合人的居住活动,这也体现了本系统的供热稳定性。

② 9:00 以后太阳能热管进回水温度 T_2、T_3 开始急剧上升,温度达到水箱温度时开始对水箱加热,集热管的温度变化变缓。

③ 水箱里的水经水泵循环到集热器,在集热器中加热,水箱与集热器温度变化趋势几乎一致。

④ 集热器从 9:00 开始受热,9:30 开始加热水箱。

⑤ 16:00 以后集热管集热能力下降而不足以承担室内负荷,水箱温度降

低。17:30 之后几乎无集热(此时热管温度曲线与大水箱温度曲线分离),但是水箱有较高温度仍然可以继续为室内供热。

系统中温度的波动主要体现在太阳能加热方面,早上因为太阳辐射,集热管对水箱加热,水箱开始蓄热,温度逐渐上升至最高峰,15:30 以后集热管集热量小于冷负荷,水箱开始释放储存的热量,温度开始降低。

(2)蓄热能量分析

通过对逐时温度的分析我们知道了系统温度随时间的变化情况。为了更直观地获得系统的节能性能与蓄热能力,还需将温度变化转化成能量的变化,如图 4-28 所示。

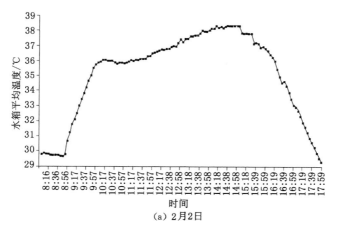

(a) 2月2日

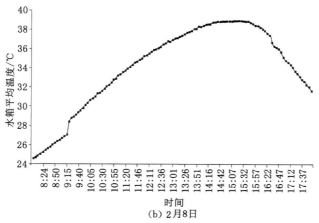

(b) 2月8日

图 4-28　水箱平均温度变化曲线

　　2月2日水箱温度约在8:10达到30℃;2月8日水箱温度约在10:00达到30℃,此时循环开始。2月2日由于在刚开始由水箱供热时,太阳辐射强度不能够承担热负荷,所以水箱温度有一小段下滑,随着太阳高度的变化,吸收的太阳能越来越多,并逐步大于室内负荷,此时水箱开始蓄热,水箱总能量增加,温度上升。而2月8日由电加热器和太阳辐射共同承担热负荷,随着太阳辐射强度的增强直至大于室内热负荷,水箱温度上升。太阳能热管吸收的能量一部分承担室内负荷,另一部分储存在水箱中。一天中焓值最高出现在15:30,此时热管吸收的太阳能刚好等于室内负荷,水箱储热达到最大值。此后,吸收的太阳能小于室内负荷,水箱储存的热量开始承担室内负荷。

　　(3)蓄热能效分析

　　从图4-29所示室内温度、集热器温度及水箱温度的逐时变化可以看出逐时蓄热变化情况。在14:30之前蓄热功率大于放热功率。这段时间水箱的能

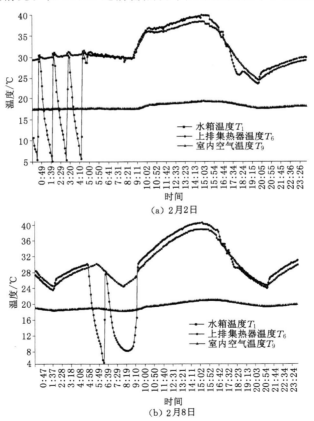

(a) 2月2日

(b) 2月8日

图4-29　室内、集热器、水箱温度变化曲线

量会持续增加,之后则持续减少。如图 4-30 所示,蓄热功率曲线与时间轴围成的面积要大于放热功率与时间轴围成的面积。水箱蓄热平均功率为 1.8 kW,放热平均功率为 0.4 kW,蓄热能效约为 22.2%。

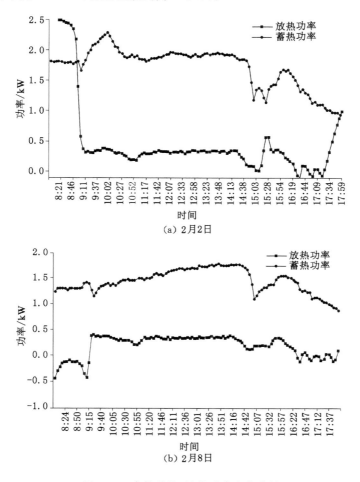

图 4-30　水箱蓄热、放热功率变化曲线

2. 放热分析

（1）放热逐时温度分析

如图 4-31 所示,循环工况下室内的温度维持在一个舒适的范围内几乎不变,太阳能的蓄热足以承担白天的负荷。

（2）放热能量分析

日间供水温度最高可以达到 40.5 ℃,散热量会比夜晚高,散热功率也相

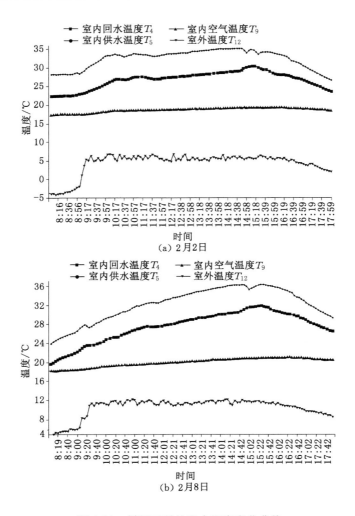

图 4-31　循环工况的室内温度变化曲线

应变大。这些热量一部分直接辐射进入室内承担室内负荷,另一部分则会储存在屋顶水箱中。在夜里供水温度较低时,这些储存的热量会释放出来维持室内温度。供回水温度及负荷变化如图 4-32 所示。

白天太阳能热管吸热量大的时候,供回水温度高、供热能力大,室内温度缓慢增加,但不明显;夜间电辅助加热器加热量比实际负荷要小一点,但是屋顶的蓄热会释放热量,维持室内温度平衡,同时节约了电加热的耗能。

(3) 室内温度分析

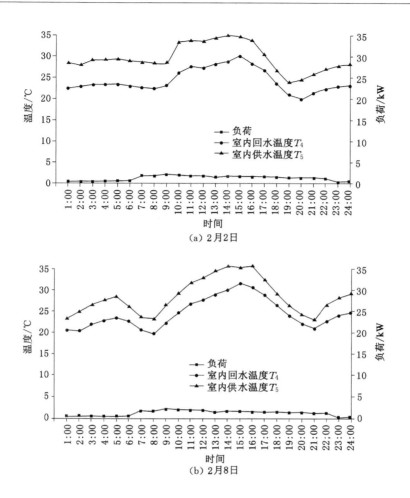

(a) 2月2日

(b) 2月8日

图 4-32　供回水温度及负荷变化曲线

　　室内温度的最低点出现在早上 8:00,如图 4-33 所示。早上太阳能热管吸收太阳能对水箱加热,随着太阳能热管对系统的加热,系统温度上升,室内温度也很快随之上升。

　　室内温度最大为 21 ℃,最低为 17 ℃,温度波动为 4 ℃,温度比较稳定。

　　3. 辅助加热实测分析

　　(1) 辅助加热模式下温度分析

　　与太阳能加热不同,电加热更稳定。当系统启动辅助加热器,两种情况分别如下(图 4-34):

　　2 月 2 日:水箱水温稳定在 25～38 ℃之间,室内温度相应稳定在 17 ℃。

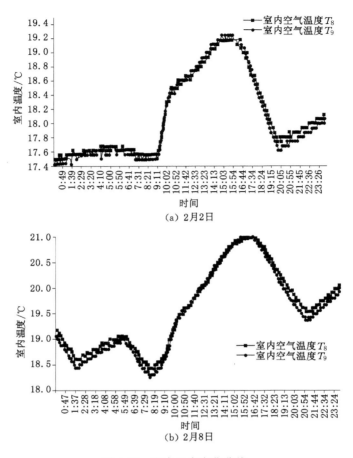

图 4-33　室内温度变化曲线

循环供水温度为 29.54 ℃，循环回水温度为 24.25 ℃，供回水温差为 5.29 ℃。太阳能集热器持续吸收热量加热大水箱，当大水箱温度大于 35 ℃时，系统切换为大循环工况，电辅助加热停止工作。

　　2 月 8 日：水箱水温稳定在 25～39 ℃之间，室内温度相应稳定在 20 ℃。循环供水温度为 28.56 ℃，循环回水温度为 24.50 ℃，供回水温差为 4.06 ℃。太阳能集热器持续吸收热量加热大水箱，当大水箱温度大于 30 ℃时，系统切换为大循环工况，电辅助加热停止工作。

　　（2）辅助加热效率分析

　　2 月 2 日：$\eta = 4.18 \times 0.073 \times 5.29/1 \times 100\% = 161.4\%$。

　　2 月 8 日：$\eta = 4.18 \times 0.073 \times 4.06/1 \times 100\% = 123.9\%$。

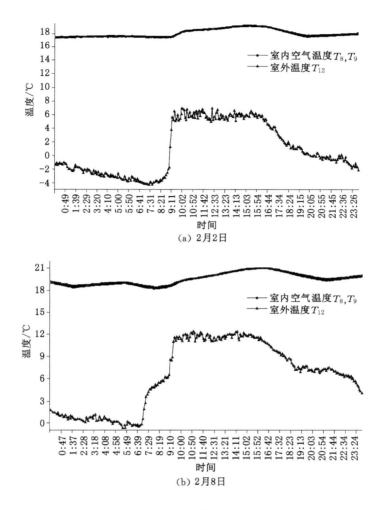

图 4-34 室内外温度变化曲线

4.2.4 应用效果分析

1. 不同室外温度下能量分析

太阳能热管的集热量受流量、温度和太阳辐照度的影响。

当太阳能集热器进口流量发生变化时,太阳能集热器的效率因子随之发生变化,进口流量通过影响太阳能集热器管内换热系数而影响效率因子。同时,如果流量过大会导致得到的热水温度不够,因此流量大小应根据工程情况合理选取。进口温度变化时太阳能集热器的吸热量发生变化,温差越小吸热量越小,温差越大吸热量越大。进口温度为 0 ℃时,集热板的效率因子为 0.916 3;进口温度为 30 ℃时,集热板的效率因子为 0.924 8。集热效率与环境温度关系如图 4-35 所示。

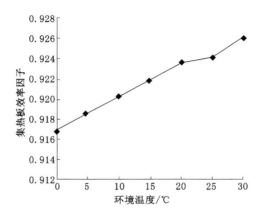

图 4-35　集热效率与环境温度关系

在其他条件保持不变的情况下,流量的变化对太阳能集热器的效率存在很大的影响,入口流量增加时,太阳能集热器温度降低,太阳能集热器瞬时效率增加,而增加到一定程度时效率不变。集热效率受环境温度影响,当环境温度升高时,集热效率会有所升高,如图 4-35 所示。而集热效率在流量不变时,随着循环水温上升,效率也会降低,且随着循环水温升高,效率下降速率有增加的趋势,如图 4-36 所示。

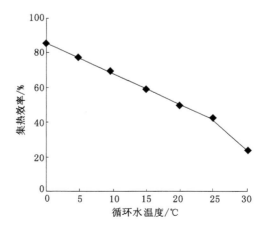

图 4-36　集热效率与循环水温度关系

2. 系统经济性分析

本工程面积为 23.78 m², 每年采暖费用为 570.72 元。以 2 月 2 日为例, 电辅助加热器的功率为 1 kW, 平均工作时长为 4.7 h。北京市供暖时长为 120 d, 总耗电量为 564 kW·h, 年采暖费为 303.7 元, 每年采暖费用节省 267.02 元, 所以 5 年内可收回投资。

4.3 本章小结

本章借助实测数据进行了太阳能热管集热器的蓄放热温度分析、能量分析、能效分析以及小循环辅助电加热模式下的运行情况分析。

从热管式太阳能采暖系统的实测数据分析中得出, 假如一个 120 m² 的房间使用热管式太阳能地板辐射采暖系统, 那么每年就可以节约资金 1 377 元, 节约用煤量 301 kg, 减少 CO_2 温室气体排放量 963 kg。大面积应用太阳能采暖对改善环境、减少化石燃料使用有积极的作用。系统采用了地板辐射采暖, 其舒适度高于对流采暖, 在同样的舒适度条件下, 辐射采暖系统的水温可以降低 2~3 ℃。在除去极端天气情况下, 室内温度可以维持在 14 ℃ 以上, 所以舒适度可以满足人们的需要。本系统不仅高效地利用了太阳能, 还解决了传统太阳能采暖夜间能耗大、温度不稳定的问题。

参考文献

[1] WEISS W. Solar thermal, state of the art, application areas and preview of technology development[R]. Presentation at the IEA solar heating and cooling roadmap workshop, Paris, 2011.

[2] ZHENG R C, HE T, ZHANG X Y, et al. Developing situation and energy saving effects for solar heating and cooling in China[J]. Energy procedia, 2012, 30:723-729.

[3] 范海燕, 迟炳章. 太阳能集热器及其适用性浅析[J]. 青岛理工大学学报, 2009, 30(3):118-121.

[4] 张鹤飞. 太阳能热利用原理与计算机模拟[M]. 2 版. 西安:西北工业大学出版社, 2007.

[5] 田中俊六, 武田仁, 等. 最新建筑环境工学[M]. 出版地不详:井上书院, 1984.

[6] 王荣光, 张莼安. 地板辐射采暖的设计及简化计算[J]. 公用科技,

1990(4):41-44.

[7] 张伟,朱家玲,苗常海.低温地板采暖与散热器采暖效果的对比分析[J].太阳能学报,2005,26(3):304-307.

[8] 王荣光.低温地板辐射采暖[J].煤气与热力,1999,19(4):53-55.

第 5 章　太阳能辅助空气源热泵辐射采暖系统

空气源热泵因拥有良好的性能而得到广泛应用[1]，但在低温工况下运行时，压缩比升高，容积效率降低，制冷剂质量流量减少，压缩机排气温度过高，运行效率下降，甚至不能正常启动，这些问题限制了其在北方地区的应用[2]。

太阳能在建筑采暖方面的应用已成为国内外研究的热点问题[3-6]。太阳能产生的热水一般不超过 60 ℃，而热泵系统所需要的供水温度一般维持在 14～35 ℃就能满足采暖需求，所以太阳能热水与热泵系统组成的采暖系统相结合是既节能又舒适的理想搭配，应用前景广阔[7-8]。

毛细管网辐射采暖系统作为一种新型低温热水辐射采暖形式，无论从系统的舒适性还是节能性上考虑，毛细管网辐射采暖系统都具有巨大的应用潜力[9-10]。本研究中采用立面辐射采暖/供冷方式，室内散热方式为毛细管[11]和空调器并联的形式。

研究中搭建了空气源热泵-太阳能-辐射毛细管系统，并对系统多工况的运行测试和数据进行分析。

5.1　系统搭建

系统搭建地点位于北京地区，实验区室内面积为 22 m²。原来冬季采暖方式为空气源热泵，以 R22（氟利昂-22）为制冷剂，后改造成太阳能辅助空气源热泵毛细管辐射采暖系统。该系统由太阳能水循环环路和制冷剂循环环路组成。

5.1.1　太阳能集热器

考虑到本系统以非承压方式运行，热水需求温度约 30 ℃。北京地区处于寒冷地区，冬季温度较低，集热器需要具有防冻性能，结合价格因素，本系统选用了抗冻性好、价格低，且在中国市场占有绝大部分份额的全玻璃真空管集热器作为集热元件。

根据选定的集热器的种类进行试验设计，计算集热器的面积为 10 m²，安装倾角为 60°。

5.1.2　蓄热水箱设计

蓄热水箱的大小受太阳能集热管的面积、室内采暖面积、办公类型及室内设定温度等参数的影响,在本系统中,经过计算,把水箱的容量定为 300 L。水箱中的水位可分为 6 档,水量由压力传感器采集的信号表示。图 5-1 为水箱实物图及监控示意图。

  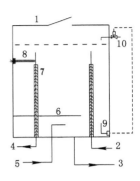

（a）原有水箱实物　　　　　（b）水箱水位控制　　　　　（c）改进型水箱

1—水箱开口;2—集热回水;3—集热进水;4—供热进水;5—供热回水;

6—隔板;7—保温管;8—电加热;9—压力传感器;10—补水阀。

图 5-1　水箱实物图及监控示意图

5.1.3　循环水泵设计

在太阳能集热系统中,有两个循环水泵:一个负责集热器到蓄热水箱的循环,该泵功率相对较大,称作大水泵;另一个负责蓄热水箱到板式换热器的循环,功率相对较小,称为小水泵。负责太阳能集热的大水泵的工作状态受循环水的温差自动控制,当太阳能充足时,循环水温差大,水泵运行;当太阳能不足时,温差较小,循环停止。当冬季采暖时,负责板式换热器到水箱的小水泵会一直运行。其连接原理图如图 5-2 和图 5-3 所示。

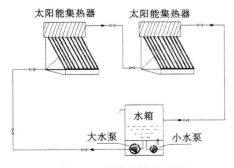 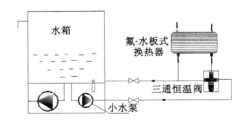

图 5-2　系统连接原理图　　　　　　图 5-3　水泵连接原理图

5.1.4　辅助设备选择

在太阳能集热系统中,还用到了连接管道、阀门、三通恒温阀及保温层等辅助设备和材料。其中空气源热泵管道采用铜管连接,包括 6 mm、8 mm、10 mm、12 mm 的铜管;水管采用 PE 管热熔连接;空气源热泵中的阀门采用活接和焊接连接,材质为铜球阀,管径分别为 6 mm 和 12 mm,承压能力大于 2 MPa;太阳能水系统的阀门采用铜球阀,管径为 20 mm 和 30 mm;三通恒温阀调温范围为 20～40 ℃,材质为不锈钢,管径为 20 mm;铜管保温层和水管保温层都采用了橡塑保温材料;太阳能支架为镀锌钢板制作,整个支架坐落在屋顶,采光条件良好;遮阳材料为防晒遮阳布,可遮挡集热管,降低集热效率,同时也可以保护集热管。各种辅助材料如图 5-4 所示。

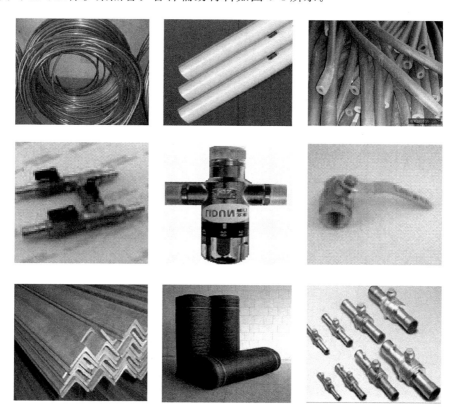

图 5-4　辅助材料图

5.2 系统构成及原理

5.2.1 系统原理

图 5-5 为太阳能辅助空气源热泵毛细管辐射采暖系统原理图,该系统主要增加了毛细管辐射系统、太阳能集热系统以及热水储备循环系统,增加的设备主要有集热水箱、循环泵、毛细管网以及集热管等。该节能系统由太阳能水循环环路和制冷剂循环环路两个环路组成。太阳能水循环环路中包括集热水箱、管道循环水泵、氟-水板式换热器、流量计、集热管等;制冷剂循环环路中包括压缩机、四通换向阀、节流阀、室内空调器、氟-水板式换热器、室外换热器等。

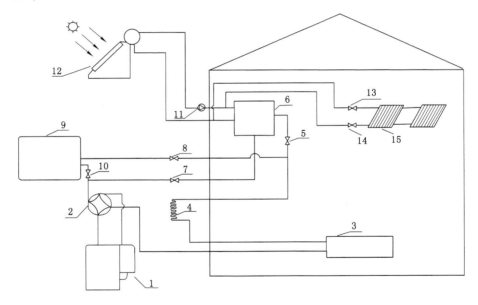

1—压缩机;2—四通转换阀;3—室内空调器;4—节流阀;5—阀门一;
6—氟-水板式换热器;7—阀门二;8—阀门三;9—室外换热器;10—阀门四;
11—水泵;12—太阳能集热器;13—阀门五;14—阀门六;15—毛细管网。

图 5-5 太阳能辅助空气源热泵毛细管辐射采暖系统原理图

对于空气源热泵侧,全玻璃真空管集热器收集到的太阳能通过水将热量储存到蓄热水箱中,储存的热水通过小水泵到达氟-水板式换热器与制冷剂进行换热。对于毛细管辐射侧,经过太阳能集热器吸收太阳能加热后的低温热水进入储水箱以后,直接通过循环水泵将水输送到毛细管,在室内与周围环境进行辐射换热。

简而言之,太阳能辅助空气源热泵毛细管辐射采暖系统,利用太阳能集热器加热热水,并把加热的热水送到氟-水板式换热器换热,制冷剂在氟-水板式换热器中吸热,通过压缩机把热量送到室内散热器供室内采暖。

1. 冬季运行工况

(1)当室外空气温度高于 4 ℃时,蒸发器盘管结霜不严重,机组的效率下降不太明显,此时,机组处于高效运行状态,空气源热泵采暖。

(2)当室外空气温度低于 4 ℃时,室外蒸发器结霜严重,机组制热系数大大降低,甚至会停机保护。此时关闭室外蒸发器,启用太阳能蓄热系统,启动大水泵、小水泵,使太阳能集热系统辅助空气源热泵采暖。只要太阳能系统中的水进入氟-水板式换热器时不低于 12 ℃,机组就处于高效运行模式。

2. 夏季运行工况

空气源热泵独立供冷。在供冷季节,室内空调器和辐射毛细管可以同时运行。

5.2.2　系统构成

本系统中的设备按照用途分为两类:一是系统运行设备,包括空调器、太阳能集热器、水箱、循环水泵、板式换热器、毛细辐射管网及电磁阀门等;二是系统运行监测设备,主要有压力表、温度计等。

太阳能辅助空气源热泵辐射采暖系统实物如图 5-6 所示,太阳能集热管在室外,朝南放置,集热管与水平面的夹角为 60°,集热水箱放置在室内,蒸发器、四通换向阀、节流阀及压缩机在室外,冷凝器和换热器(制冷剂为水)安装在室内,辐射换热毛细管网在室内墙上铺设。

(a)太阳能集热管　　　　(b)热泵管路系统　　　　(c)辐射毛细管网

图 5-6　太阳能辅助空气源热泵辐射采暖系统实物图

5.2.3　控制及测试系统

空调监控系统包括监测系统和控制系统。监测系统主要是采集系统运行参数,掌握系统的运行状况;控制系统主要是通过监测系统得到的数据和系统的设定数据实施设备控制调节,使空调系统能够在高效节能的模式下运行。在本系统中,监控系统分为原来自带的监控系统和增加的控制系统。原软件自带的监控系统的功能主要是温度监测、湿度控制、机组启停控制、四通阀控制、风扇启停控制及风阀的运行控制。增加的监控系统包括温度检测系统、水量检测系统、电磁阀控制系统、水阀控制系统、水泵控制系统、压力监测系统、状态监测系统及恒温控制系统。本系统中所测试的参数包括温度、流量、压力、光辐照度及电量等,还有部分现象观察等设备见前述。研究开发设计了适合本系统的软件和硬件控制系统,共计23个温度测点、1个压力测点、4个压力观察点、2个视液镜、1个电量记录通道,同时还有室内外空气温度测试仪(testo175)、红外线壁面温度测试仪、光辐照测试仪等可移动测试仪表,并给出了主要设备的参数。

5.3 系统实验分析

依据第3章㶲分析,本章利用 Origin 软件对监测系统实时测试记录的数据进行分析。根据室外太阳能辐射强度的变化,本系统能实现多种模式运行控制。当室外空气温度较高时,可以运行单一空气源热泵;当室外空气温度较低时,可选择采用太阳能采暖或太阳能辅助空气源热泵采暖。由于太阳能系统可以蓄热,也可以直接供热,因此,该系统根据冬季白天和晚上室外空气温度变化,以及太阳能蓄/放热切换,总计可以实现 8 种运行模式,如表 5-1所示。

表 5-1 系统可实现的 8 种运行模式

模式	方案匹配	太阳能集热	换热器	蒸发器	空调器	辐射毛细管网
模式 1	太阳能集热＋毛细管	白天运行	全天停止	全天停止	全天停止	全天运行
模式 2	太阳能集热＋毛细管	白天运行	全天停止	全天停止	全天停止	晚上运行
模式 3	空气源热泵	全天停止	全天停止	全天运行	全天运行	全天停止
模式 4	太阳能集热＋热泵	白天运行	全天运行	全天停止	全天运行	全天停止
模式 5	空气源热泵＋换热器＋热泵	白天运行	晚上运行	白天运行	全天运行	全天停止
模式 6	太阳能集热＋毛细管＋换热器＋空气源热泵	白天运行	全天停止	白天运行	白天运行	晚上运行
模式 7	太阳能集热＋换热器＋空气源热泵	白天运行	白天运行	晚上运行	全天运行	全天停止
模式 8	毛细管＋太阳能集热＋空气源热泵	白天运行	全天停止	晚上运行	晚上运行	白天运行

5.3.1　实验室建筑概况

空气源热泵-太阳能-毛细管辐射采暖系统实验室搭建于北京市东燕郊华北科技学院新实验楼顶层。实验室采暖面积为 21 m²，其具体尺寸（长×宽×高）为 7 m×3 m×3 m；窗户西向为断桥铝玻璃窗，尺寸（长×高）为 0.88 m×2.34 m；东向为玻璃门，尺寸（长×高）为 0.9 m×2.1 m；西向有窗户的墙为外墙，其余为内墙。该房间类型为办公用房。利用 DeST 软件对房间负荷进行计算，得出采暖期实验室的热负荷为 55 W/m²，每日采暖时间为 9:00—18:00（共计 9 h）。

5.3.2　系统运行模式实验分析

1. 白天集热器集热毛细管实时放热模式分析

（1）模式 1 系统运行原理

该模式下，白天太阳能集热器在收集热量的同时，毛细管也在向室内供热，即集热器实时集热，毛细管实时放热。模式 1 的系统运行原理如图 5-7 所示。

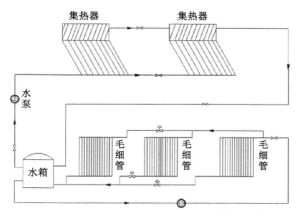

模式1：太阳能集热器实时集热，毛细管实时放热

图 5-7　模式 1 系统运行原理图

（2）模式 1 实验数据分析

在毛细管辐射采暖系统中，毛细管内水流量 m_r 为未测量，由于系统已经进行了改造升级，造成该参数无法直接获得。但经过分析，在太阳能实时蓄热、毛细管实时放热的模式下，根据能量守恒方程（5-1）和（5-2），理论上可以计算得出毛细管内的水流量 m_r，如式（5-3）所示。

$$Q_s = Q_r \tag{5-1}$$

$$\int_1^n w_i \, dx = \int_1^m E_i \, dx \tag{5-2}$$

$$\int_1^n cm_s(t_{soi} - t_{sii})\,\mathrm{d}x = \int_1^m cm_r(t_{roi} - t_{rii})\,\mathrm{d}x \tag{5-3}$$

式中　Q_s——太阳能集热器集热量,kW;

　　　Q_r——毛细管放热量,kW;

　　　w_i——第 i 时刻太阳能集热功率,kW;

　　　E_i——第 i 时刻毛细管放热功率,kW;

　　　m_s——集热管中的水流量,kg/s;

　　　m_r——毛细管中的水流量,kg/s;

　　　c——水的比热容,kJ/(kg·K);

　　　t_{soi}——集热器出水温度,K;

　　　t_{sii}——集热器进水温度,K;

　　　t_{roi}——毛细管进水温度,K;

　　　t_{rii}——毛细管出水温度,K。

化简得

$$m_r = \frac{\int_1^n cm_s(t_{soi} - t_{sii})\,\mathrm{d}x}{\int_1^m c(t_{roi} - t_{sii})\,\mathrm{d}x} \tag{5-4}$$

对上述微分方程进行数值化求解,得到式(5-5)~式(5-8)。

$$\sum_{i=1}^n w_i = \sum_{i=1}^m E_i \tag{5-5}$$

$$w_1 + w_2 + \cdots + w_n = E_1 + E_2 + \cdots + E_m \tag{5-6}$$

其中

$$w_i = cm_s(t_{soi} - t_{sii}),\ E_i = cm_r(t_{roi} - t_{rii}) \tag{5-7}$$

$$m_r = \frac{cm_s(\Delta t_{s1} + \Delta t_{s2} + \cdots + \Delta t_{sn})}{c(\Delta t_{r1} + \Delta t_{r2} + \cdots + \Delta t_{rm})} \tag{5-8}$$

由实验测试得到了太阳能进出水温度曲线和毛细管温度曲线,取曲线的多项式拟合式,并根据进出水温差方程求出差值方程,见表 5-2,根据已知条件,$m_s = 0.11$ kg/s,Δt 为 x 的函数,并根据表 5-2,知道了 Δt 的具体关系式,对 Δt 进行积分,得到了 $\sum \Delta t = 0.04$ kg/s。

表 5-2　太阳能与毛细管网回归方程表

分类	进口	出口	备注
太阳能进出水方程	$y = -0.001\,6x^2 + 0.381\,4x + 16.532$	$y = -0.002\,2x^2 + 0.490\,3x + 25.399$	x——时间 y——温度

表 5-2(续)

分类	进口	出口	备注
毛细管进出水方程	$y = -4 \times 10^{-9} x^4 + 5 \times 10^{-6} x^3 - 0.002\,2x^2 + 0.328\,4x + 18.2$	$y = -2 \times 10^{-9} x^4 + 2 \times 10^{-6} x^3 - 0.001\,1x^2 + 0.165\,3x + 18.279$	x——时间 y——温度
差值方程	$y = -0.000\,6x^2 + 0.108\,9x + 8.867$	$y = -2 \times 10^{-9} x^4 + 3 \times 10^{-6} x^3 - 0.001\,2x^2 + 0.170\,4x - 0.474\,3$	x——时间 y——温差
对差值方程积分	$\sum \Delta t_s = -0.000\,2x^3 + 0.054\,4x^2 + 4.433x$	$\sum \Delta t_r = -4 \times 10^{-10} x^5 + 7.5 \times 10^{-7} x^4 - 0.000\,4x^3 + 0.085\,2x^2 - 0.474\,3x$	Δt——温度

　　为了研究在模式 1 下毛细管的供热性能,课题组进行了为期 3 天的测试,这 3 天天气晴朗,太阳辐射量充足。课题组分别对集热器出水温度(T_1)、集热器进水温度(T_2)、水箱温度(T_3)以及毛细管进水温度(T_{16})、出水温度(T_{17})进行了测试和记录,对太阳能集热器的集热效率和此种模式的能耗比例进行了计算分析(模式 1 下所有数据均为半小时内的平均值,以排除偶然因素的干扰)。

　　图 5-8 所示为 3 天内集热器进出水温度和水箱水温随时间的变化情况。从图中可以看出,从早晨 8:00 至晚上 18:00,T_1、T_2、T_3 均呈先增大后减小的

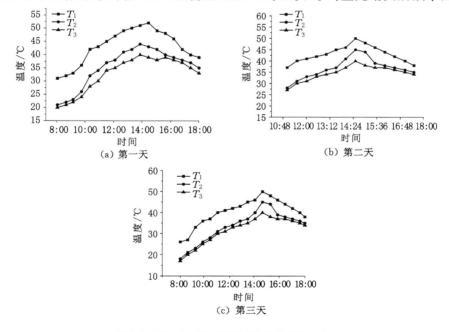

（a）第一天

（b）第二天

（c）第三天

图 5-8　T_1、T_2、T_3 随时间的变化(模式 1)

趋势,在下午 15:00 左右达到峰值,与太阳辐射的变化趋势相一致。水箱温度 T_3 始终保持在 25 ℃以上,这基本可以满足毛细管低温辐射系统对水温的要求(28~35 ℃)。

图 5-9 所示为 3 天内集热器集热效率随时间的变化情况。从图中可以看出,太阳能集热器集热效率由上午 9:00 左右的 51% 左右降至下午 15:00 左右的 30% 左右,降幅约为 21%。集热器的集热效率随着水箱中水温的升高呈现降低的趋势,即集热器进水温度越高集热效率越低。虽然日照辐射强度呈现先增大后减小的波动,在水温升高的过程中效率一直在下降,即在 15:00 之前效率下降,到 15:00 后水温也随着下降,但集热效率却呈现了逐渐减小的趋势,原因在于水温的整体提高降低了集热器的能力。

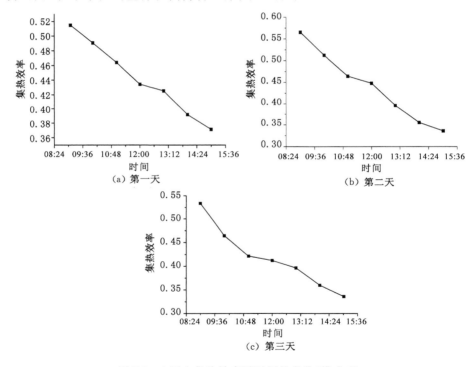

图 5-9　3 天内集热效率随时间的变化(模式 1)

图 5-10 所示为 3 天内毛细管供热功率、室内负荷、室内温度随时间的变化趋势。从图中可以看出,从早上 8:00 至晚上 24:00,3 天内房间负荷基本先降低,由 8:00 左右的约 1 kW 降至下午 16:00 左右的约 0.3 kW(最低值),然后开始逐渐升高。而毛细管供热功率的变化与房间负荷的变化相反,由早上 8:00 左右的约 0.2 kW 升高至下午 14:00 左右的 1.2 kW(最大值),然后开始

逐渐呈现下降趋势。房间负荷最低值出现的时刻比毛细管制热功率最大值出现的时刻晚约 2 h,这是太阳能辐射特点与房间滞后特性作用的结果。从总体上看,除了太阳能辐射强度较大的下午,其他时间毛细管的制热功率基本不能满足房间的热负荷需求(热负荷是根据房间设计温度为 22 ℃计算得到的)。室内温度与毛细管制热功率有着相同的变化趋势,在下午 15:00 左右,室内温度达到最大值,为 21 ℃左右,其他时刻温度基本保持在 18 ℃左右。由于毛细管采暖系统的辐射特性,室内人员体感温度比实际温度高出 2~3 ℃,所以室内实际的温度为 21 ℃左右,可以满足室内人员的热要求。

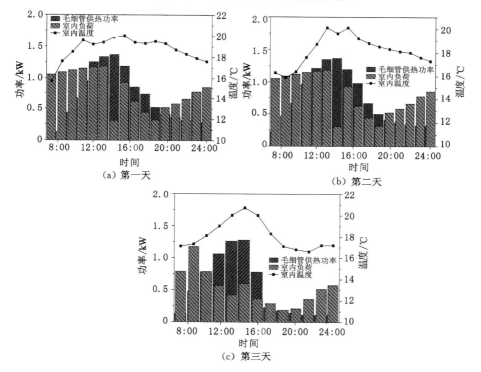

图 5-10　3 天内毛细管供热功率、室内负荷、室内温度随时间的变化(模式 1)

图 5-11 所示为 3 天内的能量比例分析。在该种模式下,有两种形式的能量输入,分别是太阳能和电能。如图所示,在总的能耗中太阳能占 70%左右,而电能仅占 30%左右。计算供热量与耗电量的比值,供热系数为 3.3。由此可见,此种模式得到的能量利用率较高。

(3)模式 1 供热性能

通过上面的实验数据分析可知,在白天太阳能实时集热、毛细管实时放热

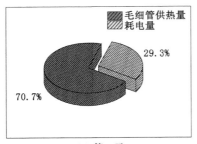
（a）第一天

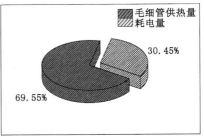
（b）第二天

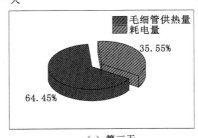
（c）第三天

图 5-11　3 天内能量比例分析（模式 1）

模式中,水箱温度达到 28 ℃以上（毛细管网要求的进水温度需高于 28 ℃）的时间在 11:00 左右,室内温度达到 18 ℃左右的时间也在 11:00 左右,所以在 11:00 以前室内的温度达不到设计要求。只要天气状况较好,太阳能辐射充足,11:00—20:00 时段内室内温度均可达到 18 ℃左右。并且在该种模式下,只有循环水泵耗电,其供热系数可以达到 3.3,是一种非常节能的供热方式。办公建筑一般的使用时间多集中在 9:00—18:00,这与模式 1 的采暖特点相符。因此,建议模式 1 用于办公性质的低层建筑中。

2. 白天集热器集热晚上毛细管放热模式分析

（1）模式 2 系统运行原理

该模式分白天太阳能集热循环和晚上毛细管放热循环,模式 2 系统运行原理如图 5-12 所示。

（2）模式 2 实验数据分析

为了测试模式 2 下毛细管的供热特性,课题组进行了 3 天的测试,这 3 天天气状况良好,系统运行稳定。课题组分别对集热器出水温度（T_1）、集热器进水温度（T_2）、水箱温度（T_3）、室内温度（T_{14}）、毛细管进水温度（T_{16}）和毛细管出水温度（T_{17}）进行了测试与记录,下面就此种模式的一些性能参数进行计算和分析（为了排除偶然因素的干扰,模式 2 中所有数据均取半小时内的平均值）。

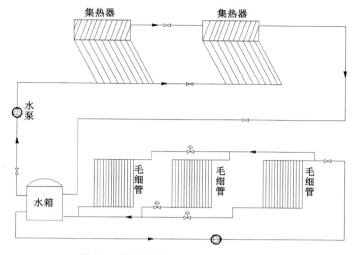

模式2：太阳能集热器白天集热，毛细管晚上放热

图 5-12　模式 2 系统运行原理图

图 5-13 所示为 3 天内集热器进出水温度和水箱中水温随时间的变化趋势。从图中可以看出，在模式 2 中，太阳能集热器进、出水温度（T_2、T_1）和水箱温度（T_3）有相同的变化趋势，每天中均先增大后减小，均在 15:00 左右达到最大值，3 天平均值分别为 65 ℃、75 ℃ 和 55 ℃。水箱中水的温度也基本在 30 ℃ 以上，可以满足夜间毛细管供热的需求（28 ℃ 以上即可）。

图 5-14 所示为 3 天内集热器集热效率随时间的变化趋势。每日，太阳能集热器的集热效率随着时间呈现下降趋势，从开始的 48% 左右降至 28% 左右，这是因为集热器的集热效率随着进水温度的升高而降低。

图 5-15 所示为 3 天内毛细管供热功率、室内负荷与室内温度随时间的变化趋势。从图中可以看出，从傍晚 18:00 毛细管供热系统运行开始，毛细管的供热功率呈逐渐降低趋势，由最初始的 1.6 kW 左右降到 24:00 的 0.5 kW 左右。夜间房间的热负荷（热负荷是根据房间设计温度为 22 ℃ 计算得到的）变化幅度不大，但基本大于毛细管的供热功率。房间的室内温度基本维持在 17 ℃ 左右，人的体感温度在 20 ℃ 左右，室内温度场较为均匀，变化的幅度也不是很大。

图 5-16 所示为 3 天内能量比例分析。在该模式下同样只有太阳能和电能这两种能量的输入，太阳能占比最大为第一天的 65.74%，最小为第三天的 50.34%，平均值为 57.58%；电能占比最大为第三天的 49.66%，最小为第一

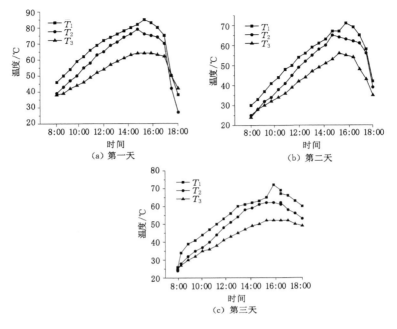

图 5-13 T_1、T_2、T_3 随时间的变化（模式 2）

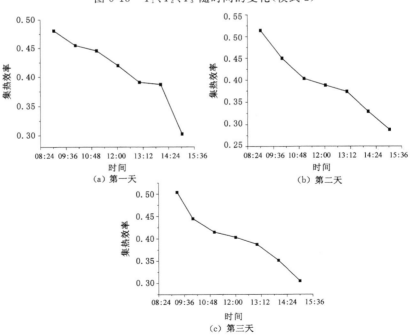

图 5-14 3 天内集热效率随时间的变化（模式 2）

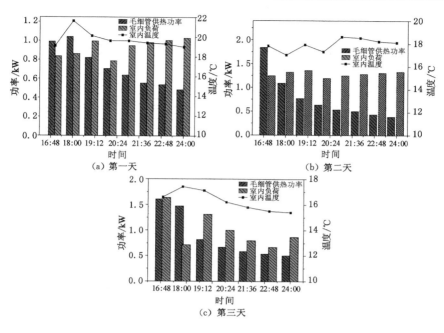

图 5-15　3 天内毛细管供热功率、室内负荷、室内温度随时间变化（模式 2）

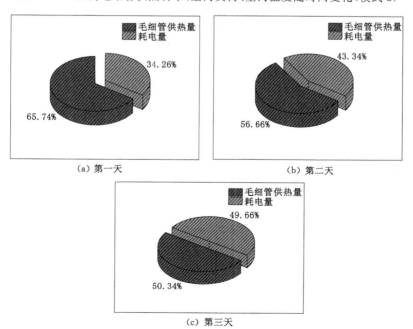

图 5-16　3 天内能量比例分析（模式 2）

天的 34.26%。将供热量与耗电量相除,则供热系数为 2.36。与模式 1 相比,总的供热量明显减少,模式 1 的供热系数 3.3 大于模式 2 的供热系数 2.36,其主要原因是模式 1 下太阳能的集热能力大于模式 2 下太阳能的集热能力,根本原因是进水温度高导致热量㶲的下降。

（3）模式 2 供热性能

通过上面的实验数据分析可知,在白天太阳能集热、晚上毛细管放热模式中,从系统开始运行的 17:00 至停止运行的 24:00,室内温度基本都在 18 ℃以上,可以满足人们的热需求。在该种模式下,系统只有大小循环水泵的电耗,供热系数约为 2.36,是一种比较节能的供热方式。模式 2 适合于使用时间集中在晚上的建筑,例如公寓建筑(白天室内人员外出上班,晚上下班回来休息),因此,建议模式 2 用于低层公寓建筑中。

3. 单一空气源热泵昼夜运行模式分析

（1）模式 3 系统运行原理

在模式 3 中,房间一整天都由空气源热泵系统供给热量。在该模式下,关闭图 5-17 中的阀门 2,开启阀门 1,其系统原理如图 5-17 所示。

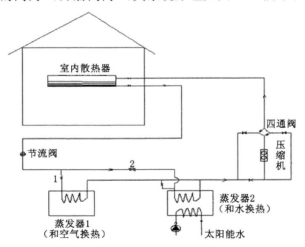

模式3：空气源热泵系统昼夜运行

图 5-17　模式 3 系统运行原理图

（2）模式 3 实验数据分析

为了研究模式 3 中单一空气源热泵系统的供热性能,进行了为期 4 天的测试,分别对室内空调器进口制冷剂温度(T_{12})和出口制冷剂温度(T_{13})、室内温度(T_{14})、空调器出风温度(T_{15})及耗电量进行了实时监测和记录。测试结论如下(数据量较大,所用数据均为半小时内的平均值)。

图 5-18 所示为 4 天内室内空调器制冷剂进出口温度和室内温度随时间的变化趋势。从图中可以看出,T_{12}、T_{13}、T_{14} 有大致相同的变化趋势,T_{14} 与 T_{12}、T_{13} 相比有所延迟。T_{12} 一般在早晨 6:00 左右出现最低值,约为 40 ℃,随后开始升高,在下午 14:00 左右达到最大值,约为 48 ℃,然后开始降低。T_{13} 相较于 T_{12} 变化较小,其值在 27～32 ℃ 之间,但是有所提前。T_{13} 和 T_{12} 的温差值在 10～20 ℃ 之间变化,但是下午的温差较上午大。这是因为一天中的气温在凌晨 5:00—6:00 最低,此时的热泵机组由于蒸发温度较低而导致制热性能不佳,系统制热量减少,所以 T_{13} 和 T_{12} 出现较低值;太阳出来后,气温回升,系统的制热性能有所提升,二者开始升高;在下午 13:00 以后,室外气温达到一天中的较大值,这段时间内,系统运行比其他时段较稳定,所以,制冷剂进出口温差的较大值在该时段出现。室内温度 T_{14} 一天中较为稳定,其值保持在 20 ℃ 左右,但由于空气源热泵供热的固有缺点(对流换热,室内人员的体感温度较低),室内热舒适度不高。

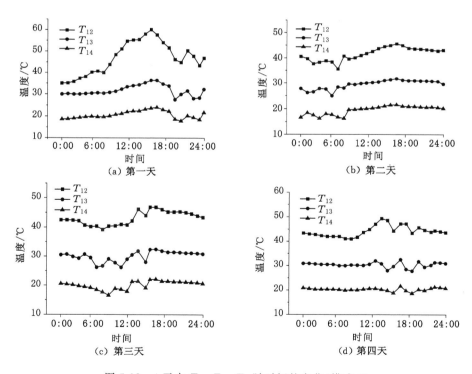

图 5-18　4 天内 T_{12}、T_{13}、T_{14} 随时间的变化(模式 3)

图 5-19 所示为 4 天内室内空调器制冷剂进出口温差($T_{12}-T_{13}$)和空调器出风温度(T_{15})随时间的变化趋势。从图中可以看出，T_{12}、T_{13} 的温差和 T_{15} 的变化趋势基本相同，T_{15} 也是在 14:00 左右达到最大值，约为 35 ℃。T_{15} 和 T_{14} 的温差，即送风温差，也保持在一个相对稳定的范围内，约为 12 ℃ 左右。从图中可以看到，单一空气源热泵系统在开始 2 天内难以满足负荷需求，尤其在 0:00—8:00。而且室内温度波动较大，有较强的吹风感和干燥感；经过连续运行 2 天后，第三天热泵系统完全可以满足负荷需求，但室内温度波动依然较大。

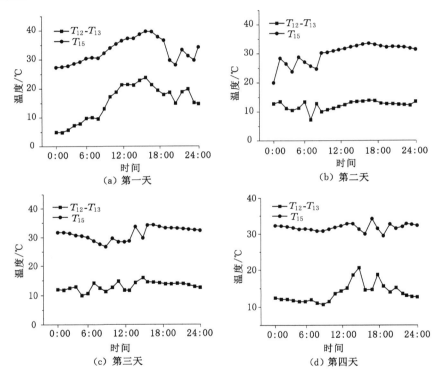

图 5-19　4 天内 T_{12}、T_{13} 温差和 T_{15} 随时间的变化（模式 3）

图 5-20 为空气源热泵系统供热功率、室内负荷和室内温度 4 天内随时间变化的示意图。从图中可以看到，空气源热泵系统的制热量基本可以满足室内负荷的需求，在中午时段，系统供热功率明显大于室内负荷。这是因为，在中午时段内，室外气温升高，房间热负荷减小，并且空气源热泵系统由于蒸发温度较高而运行稳定，制热量增加。室内温度在晚上 19:00 左右和凌晨 5:00

左右较低,大约在 18 ℃。这是由于在该时段内室内负荷较大,且空气源热泵系统因室外气温较低而制热量减小所致(数据显示,在凌晨和傍晚时段内,空气源热泵在运行的每小时中都有大约 10 min 的时间用于除霜)。可以得出结论,在室外气温较低、室内负荷较大的时候,空气源热泵会因为蒸发温度较低而不能稳定运行,制热量明显降低,这就导致热量供需不能匹配,所以,采用单一空气源热泵系统供热存在一定的局限性。

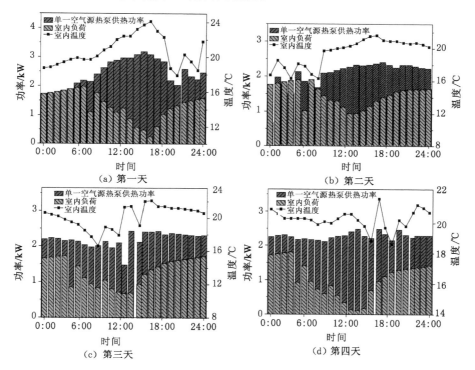

图 5-20　4 天内空气源热泵供热功率、室内负荷、室内温度随时间的变化(模式 3)

图 5-21 为单一空气源热泵系统实际 COP 随时间变化曲线与热泵名义 COP 的对比图。从图中可以看到,单一空气源热泵系统的实际 COP 明显低于其名义 COP,热泵实际 COP 的平均值为 2.2,名义 COP 值为 2.9,降低了 24%。这主要是由于室外环境温度较低,导致蒸发器中的制冷剂蒸发困难,热泵的实际运行工况严重偏离额定工况,因此热泵的制热量降低,制热系数较小,进一步导致热泵系统不能稳定、可靠运行。同时,还有一个潜在原因是对原热泵系统进行了改造,导致系统内的制冷剂以及管路发生变化,进而系统的制热能力发生变化。

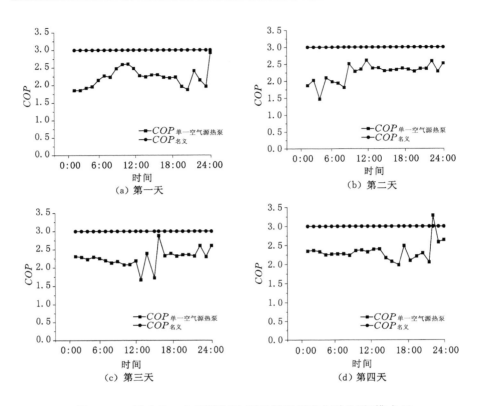

图 5-21   4 天内单一空气源热泵 COP 随时间变化对比图(模式 3)

图 5-22 所示为单一空气源热泵系统 4 天内的能量比例分析。热泵系统的制热量有两部分来源,一部分为电能,另一部分为空气能。从图中可以看出,在单一空气源热泵系统中,电能占比约为 43%,空气能占比约为 57%,计算供热系数为 2.33,可见单一空气源热泵系统也是一种较为节能的采暖方式。

(3)模式 3 供热性能

通过上面的实验数据分析,在单一空气源热泵系统昼夜运行模式中,当室外温度高于 4 ℃时,单一空气源热泵系统运行状况良好,制热系数较高,室内温度均维持在 18 ℃以上,能够满足室内人员的热需求;当室外温度低于 4 ℃时,单一空气源热泵系统会因为蒸发器结霜导致机组不能稳定运行,此时热泵系统会因为频繁除霜使室内温度波动较大。考虑到单一空气源热泵系统运行模式的这一特点,建议模式 3 在室外条件较好的地区(南方地区)的办公、住宅、别墅等性质的建筑中使用。

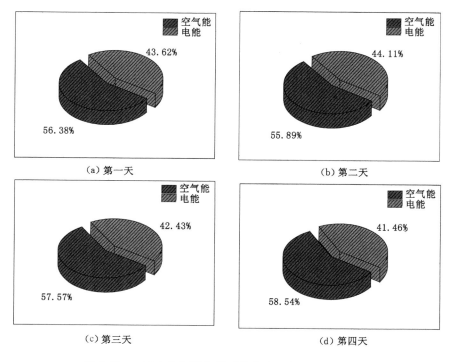

图 5-22 4 天内空气源热泵系统能量比例分析(模式 3)

4. 太阳能辅助空气源热泵实时蓄放热模式分析

(1) 模式 4 系统运行原理

在模式 4 中白天运行太阳能集热系统,蓄热水箱中的循环水通过大水泵加压,进入太阳能集热器吸收热量,然后回到蓄热水箱,如此反复循环来加热循环水;与此同时,关闭图 5-23 中的阀门 1,开启阀门 2,蓄热水箱中的水经过小水泵循环至氟-水板式换热器,用作空气源热泵系统的低温热源。制冷剂吸收循环水的热量后经过压缩机压缩进入室内换热器,向室内释放热量后经过节流阀完成热泵循环,其循环原理如图 5-23 所示。

(2) 模式 4 实验数据分析

为了研究模式 4 中太阳能辅助模式下空气源热泵的供热性能,课题组对该模式进行了为期 4 天的测试,分别对集热器出水温度(T_1)和进水温度(T_2)、水箱温度(T_3)、室内空调器进口制冷剂温度(T_{12})和出口制冷剂温度(T_{13})、室内温度(T_{14})、空调器出风温度(T_{15})、换热器进口水的温度(T_{18})和出口水的温度(T_{19})及耗电量进行了实时监测与记录,测试结论如下。

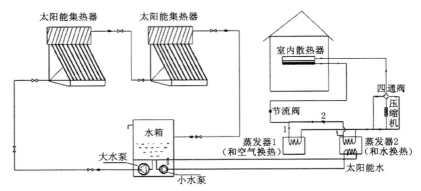

模式4：太阳能辅助空气源热泵系统实时蓄放热

图 5-23　模式 4 系统运行原理图

如图 5-24 所示，T_1、T_2、T_3 均随时间的变化呈先增大后减小的趋势，均在 14:00 左右达到最大值，平均值分别为 55 ℃、44 ℃、43 ℃。集热器进出水温差最低为 3 ℃，最高可达 15 ℃，水箱温度基本保持在 20 ℃以上，可以满足空气源热泵蒸发侧对水温的要求。

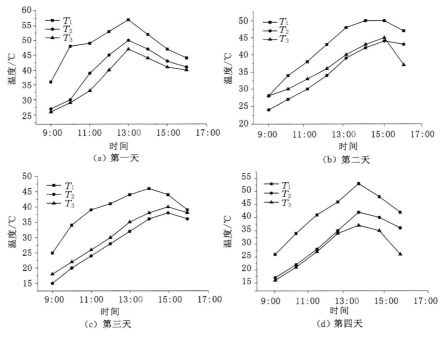

图 5-24　4 天内 T_1、T_2、T_3 随时间的变化（模式 4）

　　从图 5-25 可以看出,太阳能集热器的集热效率一直在下降,由上午 9:00 的 60% 减小到下午 16:00 的 35% 左右。这是由于随着集热系统的运行,水箱中的水温越来越高,即集热器进水温度越来越高,由集热器瞬时集热效率公式可知,进水温度越高,集热效率越低,因此该系统中太阳能集热器的集热效率越来越小。从集热器效率下降速率中可以发现,当太阳能辅助空气源热泵时,直到 16:00 集热效率才下降到 35% 左右;而模式 1 和模式 2,集热器的效率在 15:00 就已经下降到了 30%,说明太阳能辅助空气源热泵采暖系统可以更好地利用太阳能集热能力,也提高了空气源热泵的制热系数。

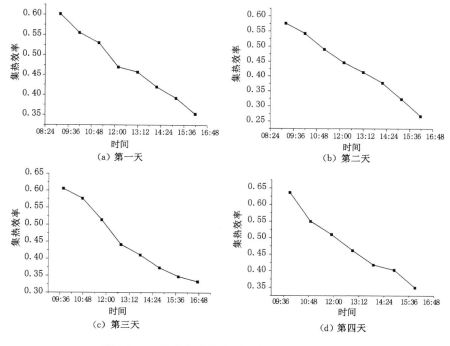

图 5-25　4 天内集热效率随时间的变化(模式 4)

　　如图 5-26 所示,室内空调器进口制冷剂温度(T_{12})呈先增大后减小的趋势,其最低值出现在早上 8:00 左右,约为 45 ℃,然后开始增大,在下午 15:00 左右达到最大值,约为 80 ℃,随后开始降低。而室内空调器出口制冷剂温度(T_{13})则相对比较平稳,变化不是很明显,在 33~40 ℃。室内温度(T_{14})也比较稳定,维持在 20 ℃左右,热舒适度较高。

　　从图 5-27 可以看出,室内空调器制冷剂进出口温差($T_{12}-T_{13}$)随着时间的变化先增大后减小,其值在 13~48 ℃范围内变化,并且在 12:00—17:00 保

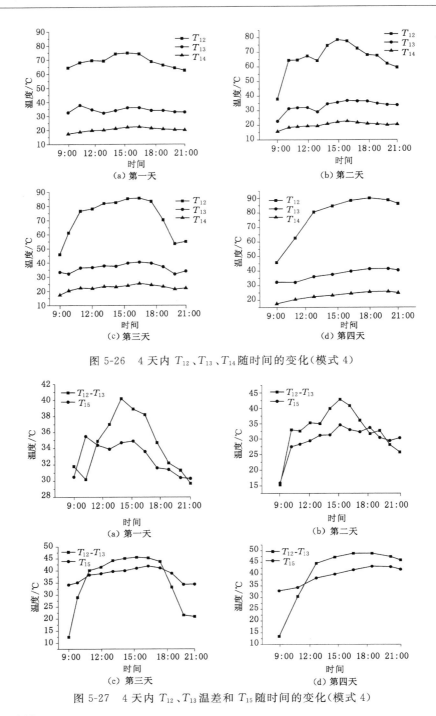

图 5-26 4 天内 T_{12}、T_{13}、T_{14} 随时间的变化(模式 4)

图 5-27 4 天内 T_{12}、T_{13} 温差和 T_{15} 随时间的变化(模式 4)

持在较大值。空调器出风温度(T_{15})在系统刚开始运行时会有明显的上升,随后维持在一个较稳定的范围内,基本在 $30 \sim 40$ ℃。并且 T_{15} 的变化趋势与 T_{12} 和 T_{13} 温差的变化趋势相近,只是稍有延迟。这是因为室内空调器出风温度是由制冷剂进出口温差决定的,当温差升高,出风温度也会随之升高,反之下降。

如图 5-28 所示,太阳能辅助空气源热泵系统的供热功率基本可以满足室内热负荷的需求,其值比较稳定,维持在 2.5 kW 以上。室内热负荷在早上和傍晚时段较大,约为 2.3 kW,在中午时段较小,约为 1.5 kW。室内温度(T_{14})呈先增大后减小趋势,在早上和傍晚较低,约为 20 ℃,在中午较高,可以达到 26 ℃,这与室外气温的变化有关。

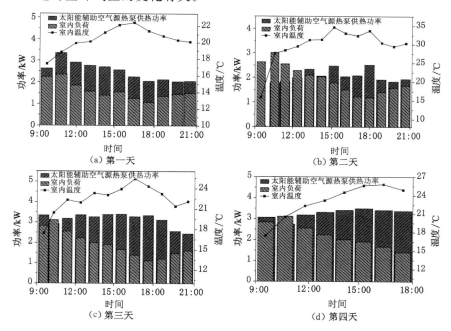

图 5-28　4 天内系统供热功率、室内负荷、室内温度随时间的变化(模式 4)

从图 5-29 可以看出,在太阳能辅助空气源热泵系统的运行模式下,热泵机组的 COP 明显大于单一空气源热泵机组的名义 COP(2.9),其值在 $3 \sim 6$ 的范围内变化。这说明有了太阳能热水的辅助,空气源热泵机组能够稳定运行,效率提升,制热量也增大。单一空气源热泵系统的 COP 则保持在 2.5 左右,所以太阳能低温热水辅助是一种行之有效的解决单一空气源热泵系统在冬季由于蒸发温度低导致的系统效率低的方式。

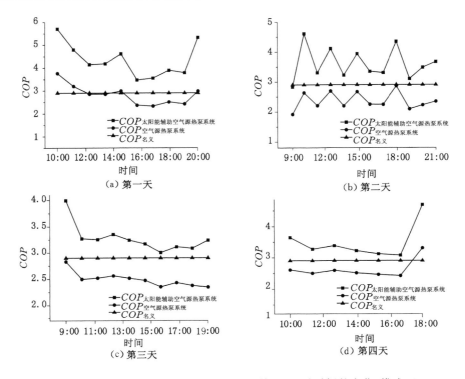

图 5-29　4 天内太阳能辅助空气源热泵系统 COP 随时间的变化（模式 4）

　　图 5-30 为太阳能辅助空气源热泵系统 4 天内的能量比例分析，在该模式中，供热量来自太阳能和电能两部分。从图 5-30 可以看出，电能占比约为 36.1％，太阳能占比约为 63.9％，供热量与耗电量的比值约为 2.77，所以太阳能辅助空气源热泵系统是一种节能的采暖方式。

　　（3）模式 4 供热性能

　　通过上面的实验数据分析，在太阳能辅助空气源热泵运行模式中，太阳能水代替空气作为热泵循环的低温热源。有了太阳能水的辅助，热泵机组的运行不再受到室外环境的制约，只要机组蒸发端的水温高于 10 ℃，热泵机组便可以稳定制热。通过实验数据发现，太阳能辅助空气源热泵机组的制热性能相比于单一空气源热泵机组得到大幅度的提高，机组 COP 可以达到 3～6，而单一热泵机组的名义 COP 也只有 2.9。在模式 4 中，除了大循环水泵的电耗，还增加了压缩机的电耗，但是其仍然是一种节能的供热形式。基于太阳能辅助空气源热泵模式的供热特点，建议模式 4 在办公、住宅、别墅等低层建筑中使用。

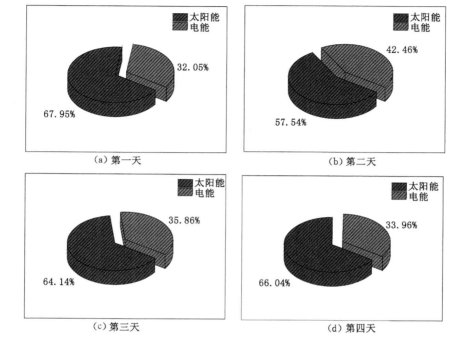

（a）第一天　　　　　　　　　　（b）第二天

（c）第三天　　　　　　　　　　（d）第四天

图 5-30　4 天内太阳能辅助空气源热泵系统能量比例分析（模式 4）

5. 白天单一热泵晚上太阳能辅助热泵模式分析

（1）模式 5 系统运行原理

在模式 5 中，白天室外温度较高时运行单一空气源热泵系统，此时关闭图
5-31 中的阀门 2，开启阀门 1，进行单一空气源热泵循环；在单一空气源热泵系
统运行的同时，太阳能集热系统也运行。在夜间室外温度降低时，关闭阀门
1，开启阀门 2，切换为太阳能辅助空气源热泵运行模式。单一空气源热泵运
行模式从上午 9:00 开始，晚上 20:00 切换为太阳能辅助空气源热泵运行模
式。该模式下太阳能辅助运行 13 h，单一空气源热泵运行 11 h。系统运行原
理如图 5-31 所示。

（2）模式 5 实验数据分析

为了研究模式 5 的供热性能，课题组进行了为期 2 天的测试，分别对集热
器出水温度（T_1）和进水温度（T_2）、水箱温度（T_3）、室内空调器进口制冷剂温
度（T_{12}）和出口制冷剂温度（T_{13}）、室内温度（T_{14}）、空调器出风温度（T_{15}）、换
热器进口水的温度（T_{18}）和出口水的温度（T_{19}）及耗电量进行了实时监测与记
录，测试结论如下。

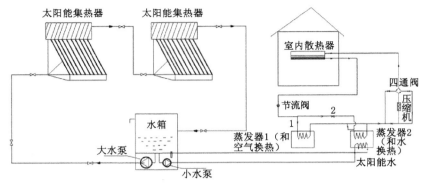

模式5：白天单一空气源热泵，晚上太阳能辅助空气源热泵

图 5-31　模式 5 系统运行原理图

　　图 5-32 所示为 2 天内集热器进出水温度和水箱中水温随时间的变化趋势，其趋势同模式 2。从图中可以看出，太阳能集热器进出水温度（T_2、T_1）和水箱中水的温度（T_3）有相同的变化趋势，随着时间的递增，先增大然后减小。太阳能进水温度及水箱温度相比于出水温度有些许延迟。出水温度约在 15：00 达到最大值，均可达到 50 ℃ 以上。水箱温度最终也可达到 30 ℃ 以上，可以满足夜间太阳能热泵供热需求。

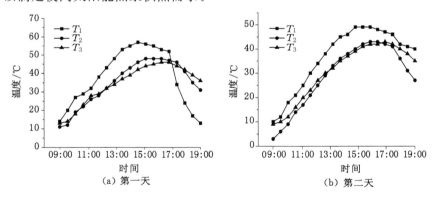

（a）第一天　　　　　　　　　　　　（b）第二天

图 5-32　2 天内 T_1、T_2、T_3 随时间的变化（模式 5）

　　从图 5-33 可以看出，太阳能集热器的集热效率一直在下降，由上午 9：00 的 50％左右减小到下午 16：00 的 30％左右。这是由于随着集热系统的运行，水箱中的水温越来越高，即集热器进水温度越来越高，由集热器瞬时集热效率公式可知，进水温度越高，集热效率越低，所以该系统中太阳能集热器的集热效率越来越小。

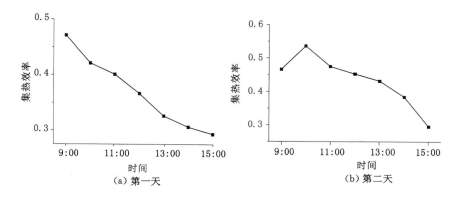

图 5-33　2 天内集热效率随时间的变化(模式 5)

　　如图 5-34 所示,室内空调器进口制冷剂温度(T_{12})随着模式的更改明显增加,其白天空气源热泵模式,最高温度出现在下午 16:00 左右;夜晚太阳能辅助空气源热泵模式,其温度先增加,随后逐渐减小,最高温度分别达到 82 ℃和 65 ℃。凌晨 4:00 之后 T_{12} 低于白天空气源热泵模式。而室内空调器出口制冷剂温度(T_{13})则相对比较平稳,变化不是很明显,在 25～30 ℃。室内温度(T_{14})也比较稳定,维持在 20 ℃左右。

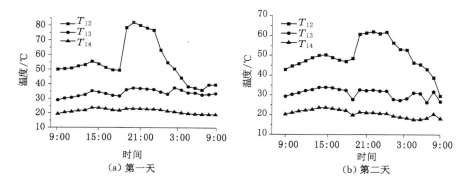

图 5-34　2 天内 T_{12}、T_{13}、T_{14} 随时间的变化(模式 5)

　　从图 5-35 可以看出,空调器制冷剂进出口温差($T_{12}-T_{13}$)随着时间的变化先增大后减小,在使用太阳能辅助空气源热泵时,其值最大,之后逐步降低,在凌晨 4:00 之后温差降至 10 ℃以下,这主要是由于水箱内水的温度随着夜间采暖而降低,导致 T_{12} 降低而造成的。空调器出风温度 T_{15} 变化不大,但其趋势和 $T_{12}-T_{13}$ 温差相似。

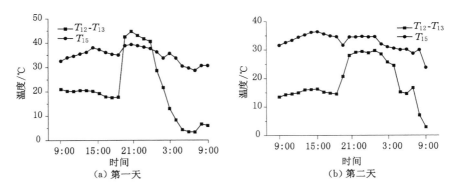

图 5-35　2 天内 T_{12}、T_{13} 温差和 T_{15} 随时间的变化（模式 5）

如图 5-36 所示，该模式下供热量基本可以满足室内热负荷的需求，水箱中的储热受天气影响，在整晚供热过程中，可能会出现不足的情况，但基本满足要求，且室温在 18 ℃ 以上。室内温度受制热量影响，在中午和刚转换模式时温度较高。为了更好地利用水箱中的能量，应恒定换热器的进口水温，本系统中安装了恒温混水阀，但由于阻力增加，恒温效果不明显，因此，开始阶段（17:00—24:00）进入换热器的水温较高，此时的房间负荷相对不大，供热量大于热负荷，造成了部分能源浪费，而到了水温较低时（第二天的 7:00—9:00），负荷大于供热量，导致室内温度偏低。因此，后续研究可以对恒温混水环节进一步改造，以提高能量利用效率。

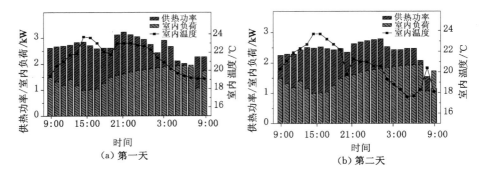

图 5-36　2 天内供热功率、室内负荷、室内温度随时间的变化（模式 5）

图 5-37 为单一空气源热泵系统实际 COP 随时间的变化曲线与热泵名义 COP 对比。可以看出，白天空气源热泵 COP 低于名义 COP，太阳能辅助工况下，在前半部分时间内，其 COP 高于名义 COP，随着水温的下降，COP 变小（注：改造也在一定程度上影响了热泵系统的效率）。

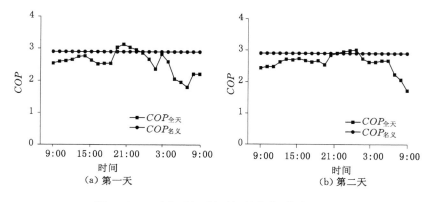

图 5-37　2 天内 COP 随时间的变化(模式 5)

图 5-38 所示为 2 天内该模式下能量比例分析,该模式下太阳能辅助运行 13 h,空气源热泵白天运行 11 h。白天室外温度较高,空气源制热能力较强,夜间太阳能辅助时间较长,获得的太阳能相对较多。在模式 5 运行能量分布饼图中可以看到,空气能、太阳能和耗电几乎各占 1/3,一天的制热量/耗电量约为 2.89,和模式 1 的供热系数接近,然而,模式 1 没有能力提供一天的供热量。该模式虽然没有发挥出太阳能集热器的最大潜力,但全天的供热系数较高。

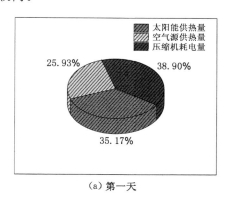

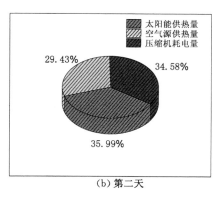

图 5-38　2 天内能量比例分析(模式 5)

(3) 模式 5 供热性能

通过上面的实验数据分析,在白天单一空气源热泵晚上太阳能辅助空气源热泵运行模式中,白天天气状况较好,室外温度较高,单一空气源热泵可以稳定、高效运行,室内温度保持在 20 ℃左右,机组 COP 也在 2.5 左右,机组处于较为高效的运行状态。夜间,单一空气源热泵机组由于蒸发器结霜而不能稳定制热,这时开启太阳能辅助空气源热泵运行模式。将低温太阳能水代替空气作为热泵机组的低温热源,有了太阳能水的辅助,热泵机组能够稳定制热,在其运行时段内,室内温度也保持在 20 ℃ 左右。从晚上 21:00 到次日的早晨 6:00,水箱中水温高于 10 ℃,太阳能辅助空气源热泵系统的 COP 基本保持在 3 左右,6:00 以后,水温降低,不能满足制冷剂蒸发的需求,机组 COP 开始明显降低,但其制热能力仍然明显高于单一空气源热泵系统。针对模式 5 的这种制热特点,建议其在北方地区和长江流域的住宅、办公、别墅等低层建筑中使用。

6. 白天单一热泵晚上毛细管模式分析

(1) 模式 6 系统运行原理

在模式 6 中,白天温度较高,运行单一空气源热泵系统,开启图 5-39 中的阀门 1,关闭阀门 2,与此同时,开启太阳能集热系统;夜间温度降低,开启太阳能热水加毛细管辐射采暖系统,其运行原理如图 5-39 所示。空气源热泵 10:00 开始运行,一直到 17:40 结束,其间空气源热泵运行 7 h 40 min,太阳能运行 16 h 20 min。

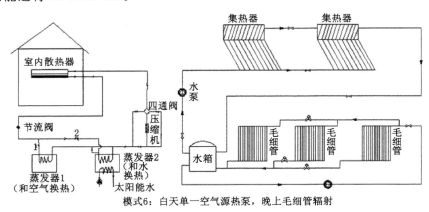

模式6:白天单一空气源热泵,晚上毛细管辐射

图 5-39　模式 6 系统运行原理图

(2) 模式 6 实验数据分析

为了研究模式 6 的供热性能,课题组对该系统进行了测试,分别对集热器出水温度(T_1)和进水温度(T_2)、水箱温度(T_3)、室内空调器进口制冷剂温度(T_{12})和出口制冷剂温度(T_{13})、室内温度(T_{14})、空调器出风温度(T_{15}),以及毛细管进水温度(T_{16})和出水温度(T_{17})进行了测试记录,并对耗电量进行了实时监测与记录,测试结论如下。

图 5-40 为集热器进出水温度和水箱水温随时间的变化情况,其趋势同模式 2。从图中可以看出,T_1、T_2、T_3 均随时间的递增呈先增大后减小的趋势,在下午 15:00 左右达到峰值,最大值为 46 ℃,水箱温度最终达到 40 ℃ 左右,基本可以满足毛细管低温辐射系统对水温的要求。

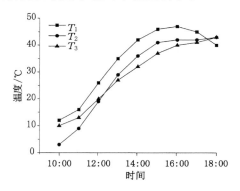

图 5-40　T_1、T_2、T_3 随时间的变化(模式 6)

如图 5-41 所示,集热效率随着时间的推移呈递减趋势,这是由于太阳辐射强度增大幅度高于集热量增加量,导致集热效率逐渐减小。

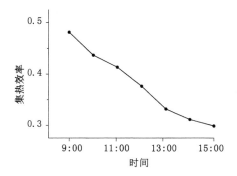

图 5-41　集热效率随时间的变化(模式 6)

如图 5-42 所示,室内空调器进口制冷剂温度(T_{12})呈先增大后减小的趋势,随着时间的推移,在下午 14:00 左右达到最大值,约为 52 ℃,其与室外温度、天气条件有关。室内空调器出口制冷剂温度(T_{13})则相对比较平稳。白天空气源热泵室内温度在 20 ℃ 上下波动。

从图 5-43 可以看出,室内空调器制冷剂进出口温差($T_{12}-T_{13}$)随着时间的变化先增大后减小,其值在 10~20 ℃ 范围内变化,并且在 12:00—15:00 保

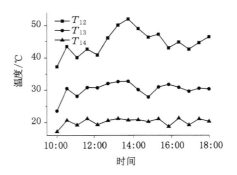

图 5-42　T_{12}、T_{13}、T_{14} 随时间的变化(模式 6)

持在较大值。空调器出风温度(T_{15})维持在一个较稳定的范围内,为 30～35 ℃。

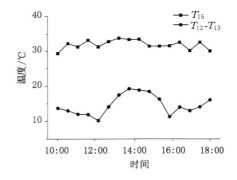

图 5-43　T_{12}、T_{13} 温差和 T_{15} 随时间的变化(模式 6)

图 5-44 所示为供热功率、室内负荷、室内温度随时间的变化趋势。从图中可以看出,供热量与室内负荷呈现明显的相反趋势。在白天空气源热泵工况可以很好地满足室内负荷要求,室内温度最高可达到 21.5 ℃,而夜间毛细管辐射采暖则达不到室内负荷要求,室内温度维持在 16 ℃ 以上,但是基于毛细管辐射特性,其室内人员体感温度比实际温度高出 2～3 ℃,因此基本满足人体需求。

图 5-45 所示为白天空气源热泵系统实际 COP 随时间的变化曲线与热泵名义 COP 的对比图。可以看到,单一空气源热泵系统的实际 COP 明显低于其名义 COP,热泵实际 COP 的平均值为 2.3,名义 COP 值为 2.9,降低了 21%。

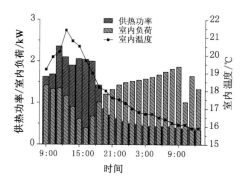

图 5-44　供热功率、室内负荷、室内温度随时间的变化(模式 6)

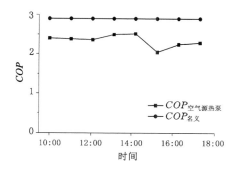

图 5-45　*COP* 随时间的变化(模式 6)

图 5-46 所示为能量比例分析饼图。在该模式下,有三种形式的能量输入,分别是太阳能、空气能和电能。该模式下,空气源热泵运行 7 h 40 min,太阳能毛细管运行 16 h 20 min,其一天制热量来源如图 5-46 所示。由于毛细管运行时间较长,因此其总制热所占比例并没有远远小于空气源热泵。供热系数为 3.95,高于模式 1(3.3)和模式 5(2.89)。

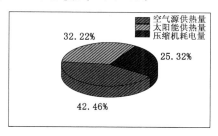

图 5-46　能量比例分析(模式 6)

（3）模式 6 供热性能

通过上面的实验数据分析,在白天单一空气源热泵晚上毛细管辐射采暖模式中,白天室外温度较高,单一空气源热泵不会因为蒸发器结霜而不能稳定运行。数据表明,白天运行单一空气源热泵模式的时段内(10:00—17:40),室内温度基本在 20 ℃左右,机组的 COP 保持在 2.5 左右,热泵机组处于较高效的运行状态。在夜间(17:40—次日 10:00)运行毛细管辐射采暖模式时,室内温度由刚开始的 18 ℃降至最后的 16 ℃,根据毛细管辐射采暖方式的特性,人的实际体感温度可以达到 18～20 ℃,完全可以满足室内人员的热需求,并且该供热方式只有循环水泵的电耗,是一种较为节能的供热方式。在模式 6 中,系统的供热系数可以达到 3.95,所以这种供热方式十分节能。基于白天单一空气源热泵晚上毛细管辐射供热模式的供热特性,建议模式 6 在南方的住宅、别墅等低层建筑中应用。

7. 白天太阳能辅助热泵晚上单一热泵模式分析

（1）模式 7 系统运行原理

在模式 7 中白天运行太阳能集热系统;与此同时,关闭图 5-47 中的阀门 1,开启阀门 2,开启太阳能热水辅助热泵采暖系统;在夜间,开启阀门 1,关闭阀门 2,切换为单一空气源热泵运行模式。其运行原理如图 5-47 所示。上午 10:30 开始,太阳能辅助模式运行 10 h,夜间单一空气源热泵运行 14 h。

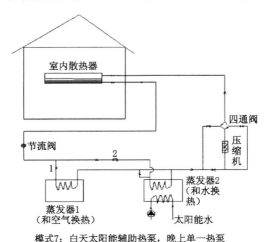

模式7：白天太阳能辅助热泵,晚上单一热泵

图 5-47　模式 7 系统运行原理图

（2）模式 7 实验数据分析

为了研究模式 7 的供热性能,课题组对该系统进行了测试,分别对集热器

出水温度(T_1)和进水温度(T_2)、水箱温度(T_3)、室内空调器进口制冷剂温度(T_{12})和出口制冷剂温度(T_{13})、室内温度(T_{14})、空调器出风温度(T_{15}),以及换热器进口水的温度(T_{18})和出口水的温度(T_{19})进行了测试和记录,并对耗电量进行了实时监测与记录,测试结论如下。

图 5-48 所示为集热器进出水温度和水箱温度随时间的变化情况。从图中可以看出,T_1、T_2、T_3 均随时间的递增呈先增大后减小趋势,在下午 15:00 左右达到峰值,最大值为 55 ℃,其进出水温差一直保持着较大的数值。水箱温度较单纯储热时低,但在 20 ℃以上。

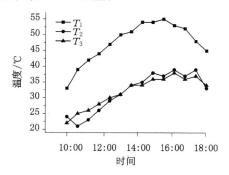

图 5-48 T_1、T_2、T_3 随时间的变化(模式 7)

如图 5-49 所示,边蓄热边供热模式,其集热效率也呈现递减趋势,最高为 52%,最低为 31%。

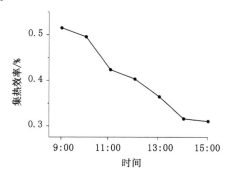

图 5-49 集热效率随时间的变化(模式 7)

如图 5-50 所示,室内空调器进口制冷剂温度(T_{12})在太阳能辅助时温度明显高于空气源热泵,这是由于太阳能热水温度高于室外空气温度,且夜间室外空气温度更低。室内空调器出口制冷剂温度(T_{13})及室内温度(T_{14})相对平稳,随着 T_{12} 温度变化有着相应变化。

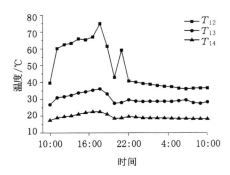

图 5-50　T_{12}、T_{13}、T_{14} 随时间的变化(模式 7)

从图 5-51 可以看出,室内空调器制冷剂进出口温差($T_{12}-T_{13}$)随着时间的变化先增大后减小,太阳能辅助工况下,其值在 30 ℃ 左右,夜间单一空气源工况下,其值在 10 ℃ 左右。T_{15} 维持在 30 ℃ 左右。

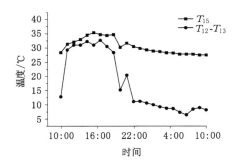

图 5-51　T_{12}、T_{13} 温差和 T_{15} 随时间的变化(模式 7)

从图 5-52 可以看出,房间负荷一天之中白天较小,下午 16:00 左右最小,但该模式下,白天太阳能辅助所供给的热量最多,此时室内温度可以达到 22 ℃ 以上。夜间空气源热泵基本满足室内负荷要求,室内温度维持在 19 ℃ 左右。

模式 7 下实际 COP 与名义 COP 随时间对比如图 5-53 所示,从图中可以看出,白天太阳能辅助模式下,其 COP 在午后高于名义 COP,且总体高于夜间空气源热泵模式,全天 COP 基本维持在 2.0 以上。

图 5-54 所示为能量比例分析。在该模式下,有三种形式的能量输入,分别是太阳能、空气能和电能。该模式下太阳能辅助运行 10 h,空气源热泵运

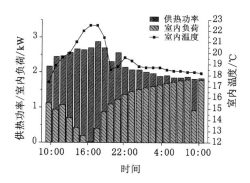

图 5-52　供热功率、室内负荷、室内温度随时间的变化(模式 7)

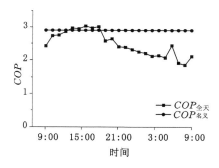

图 5-53　COP 随时间的变化(模式 7)

行 14 h,虽然太阳能辅助运行时间较短,但是其白天运行,水箱温度较高,而空气源热泵夜间运行,室外温度较低,蒸发温度较低,因此太阳能辅助总供热量与空气源供热量基本相等,供热系数仅为 2.14。

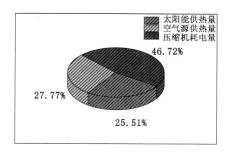

图 5-54　能量比例分析(模式 7)

（3）模式 7 供热性能

通过上面的实验数据分析,在白天太阳能辅助空气源热泵晚上单一空气源热泵运行模式中,在太阳能辅助空气源热泵运行时间段内,室内温度基本保持在 20 ℃左右,热泵系统的 COP 也保持在 3.0 左右,热泵处于较为高效的运行状态。在夜间切换为单一空气源热泵运行模式,在其运行时段内,室外环境温度较低,单一空气源热泵机组由于频繁除霜而不能稳定运行,室内温度波动较大,热舒适度较低。单一空气源热泵机组的 COP 仅为 2 左右,远远偏离其名义 COP(2.9),所以单一空气源热泵机组在室外环境温度较低的情况下运行状态不佳。基于模式 7 的供热特点,建议其在北方和长江流域等办公性质的低层建筑中应用。

8. 白天毛细管晚上单一热泵模式分析

（1）模式 8 系统运行原理

在模式 8 中,白天开启太阳能集热系统,与此同时开启太阳能热水加毛细管辐射采暖系统;晚上运行单一空气源热泵系统,开启图 5-55 中阀门 1,关闭阀门 2。其运行原理如图 5-55 所示。毛细管辐射采暖系统从 9:00 开始运行至 18:00,然后开启单一空气源热泵系统。太阳能辐射采暖 9 h,空气源热泵采暖 15 h。

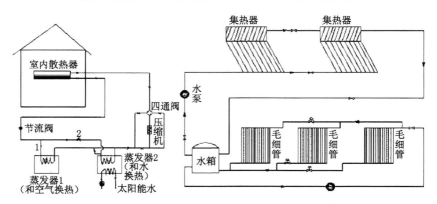

模式8:白天毛细管辐射,晚上单一空气源热泵

图 5-55　模式 8 系统运行原理图

（2）模式 8 实验数据分析

为了研究模式 8 的供热性能,课题组对该系统进行了测试,分别对集热器出水温度(T_1)和进水温度(T_2)、水箱温度(T_3)、室内空调器进口制冷剂温度(T_{12})和出口制冷剂温度(T_{13})、室内温度(T_{14})、空调器出风温度(T_{15}),以及毛细管进水温度(T_{16})和出水温度(T_{17})进行了测试记录,并对耗电量进行了

实时监测与记录,测试结论如下。

图 5-56 所示为集热器出水温度(T_1)、进水温度(T_2)和水箱水温(T_3)随时间的变化情况。集热器出水温度最高可达到 58 ℃,出现在 14:00 左右。水箱温度保持在 20 ℃以上。

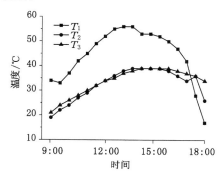

图 5-56　T_1、T_2、T_3 随时间的变化(模式 8)

该模式下集热效率变化趋势如图 5-57 所示,其呈现递减趋势,最高为 52%,最低为 28%。

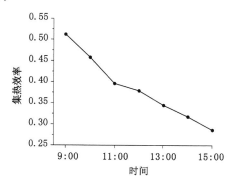

图 5-57　集热效率随时间的变化(模式 8)

如图 5-58 所示,室内空调器进口制冷剂温度(T_{12})夜间采暖时随着时间的推移呈下降趋势,在早晨 7:00 左右又出现回升的趋势。这主要是受外界环境温度的影响。室内空调器出口制冷剂温度(T_{13})及室内温度(T_{14})夜间相对平稳,在早晨出现波动。室内温度维持在 18 ℃左右。

从图 5-59 可以看出,空调器制冷剂进出口温差($T_{12}-T_{13}$)及空调器出风温度(T_{15})相对平稳,出风温度在 24～30 ℃之间波动,夜间空调器制冷剂进出口温差在 10 ℃左右,早晨出现些许波动。

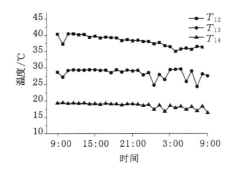

图 5-58　T_{12}、T_{13}、T_{14} 随时间的变化（模式 8）

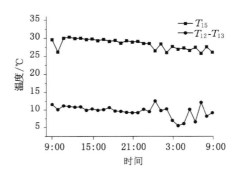

图 5-59　T_{12}、T_{13} 温差和 T_{15} 随时间的变化（模式 8）

从图 5-60 中可以看出，白天毛细管辐射采暖基本符合室内负荷需求，在 11:00 之前其供热功率较小，主要原因是太阳能集热时间较短，集热量较少。随着时间的推移，在 15:30 室内温度达到了 22 ℃。夜间空气源热泵可以满足室内热需求，但室内温度维持在 19 ℃左右。

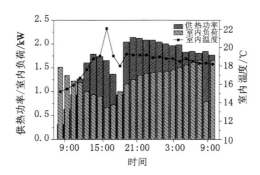

图 5-60　供热功率、室内负荷、室内温度随时间的变化（模式 8）

模式 8 下,夜间空气源热泵平均 COP 为 2.22,无法达到名义 COP 的 2.9,如图 5-61 所示。

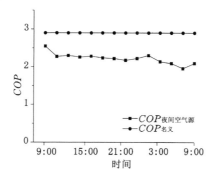

图 5-61　COP 随时间的变化(模式 8)

如图 5-62 所示,模式 8 下太阳能毛细管辐射采暖时间短,制热量少,因此其在制热量来源分配上所占比例较小。空气源热泵运行压缩机做功与空气源热量所占比例基本相等,全天的供热系数达到 3.05。

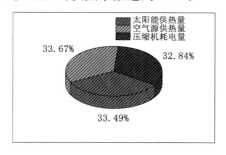

图 5-62　能量比例分析(模式 8)

(3) 模式 8 供热性能

通过前面的实验数据分析,在白天毛细管辐射晚上单一空气源热泵运行模式中,白天毛细管辐射采暖系统运行时间段内,室内温度保持在 16~18 ℃,实际体感温度为 18~20 ℃,室内温度场均匀,热舒适度较高。夜间在毛细管辐射采暖系统不能满足室内热需求的时候,开启单一空气源热泵系统。在热泵系统供热时段内,室外温度较低,热泵机组由于频繁除霜而不能稳定制热,室内温度波动较大,热舒适度较低。在模式 8 中,全天的供热系数可以达到 3.04,但是夜间热舒适度较低。基于模式 8 的供热性能,建议在低层办公建筑中运行该模式。

5.3.3 模式运行策略对比

1. 模式 1 与模式 2 运行策略比较

模式 1 与模式 2 均为太阳能集热,毛细管放热,消耗的能源都只有太阳能和电能。唯一不同的是二者的供热时间,模式 1 是在太阳能集热器集热的同时毛细管向室内供热,而模式 2 是集热器白天收集的热量在晚上通过毛细管向房间供热。下面就这两种模式的差异进行分析(所有数据均为在各自模式下 3 天内的平均值)。

将模式 1 中 3 天的集热效率与模式 2 中 3 天的集热效率分别取平均值便可得到这两种模式的平均集热效率,如图 5-63 所示,可以看到,模式 1 与模式 2 的集热效率曲线有相同的趋势,随着时间推移集热效率越来越低。但是总体来说,模式 1 的效率曲线高于模式 2 的效率曲线,即在各个时刻,模式 1 的集热效率大于模式 2 的集热效率,这个可以从集热器的瞬时效率方程得到解释:

$$\eta = \eta_0 - UT_i \tag{5-9}$$

$$T_i = (t_i - t_a)/G \tag{5-10}$$

式中　η_0——瞬时效率截距,$T_i = 0$ 时的 η;

　　　U——以 T_i 为参考的集热器总热损系数,$W/(m^2 \cdot K)$;

　　　G——太阳总辐射辐照度,W/m^2;

　　　T_i——归一化温差;

　　　t_i——集热器进口工质温度;

　　　t_a——环境温度。

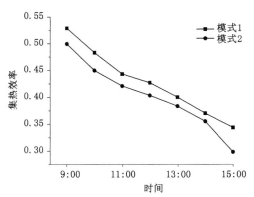

图 5-63　模式 1 与模式 2 集热效率对比

由式(5-9)、式(5-10)可以得到,集热器瞬时效率与集热器进口工质温度 t_i

有很大关系,在其他变量相同的情况下,t_i 越大,η 越小,即集热器进水温度越高,瞬时效率越低。在模式 1 中,集热器在收集热量的同时,毛细管向室内供热,水箱中水的热量被释放至室内环境,所以进入集热器的水温降低,即 t_i 降低,瞬时效率较高;而模式 2 中,水箱中水的热量被一直储存,所以进入集热器的水温较高,瞬时效率也就相应较低。

图 5-64 所示为模式 1 与模式 2 中水箱水温的对比图。从图中可以看出,在模式 1 中水箱中的水温呈现出先升高然后降低的趋势,由 9:00 左右的 20 ℃升高至 15:00 左右的 40 ℃,然后开始下降,与太阳辐照度的变化趋势相一致。而在模式 2 中,在其集热时间段内(9:00—17:00),水箱中的水温一直在升高,由 9:00 左右的 28 ℃升高至 17:00 左右的 60 ℃,上升的速度较模式 1 快。在其放热时段内,即毛细管辐射采暖系统运行向室内供热时,水箱中水温一直处于下降状态,由 17:00 的 60 ℃下降至 24:00 的 28 ℃,下降的速度呈现先快后慢的状态。

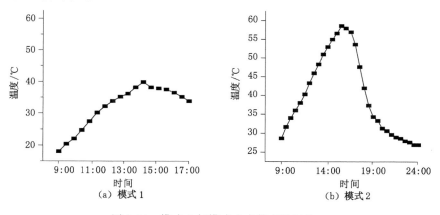

图 5-64　模式 1 与模式 2 水箱水温对比

图 5-65 所示为模式 1 和模式 2 下室内温度的对比图。从图中可以看出,在模式 1 中,室内温度由 9:00 左右的 16 ℃升高至 14:00 左右的 20 ℃,然后降低直至 24:00 的 17.5 ℃。在供热时间段内,室内温度基本保持在 17 ℃以上。在模式 2 中,室内温度也呈现出先升高然后降低的趋势。由 17:00 的 18 ℃升高至 18:00 的 19 ℃,然后开始降低直至 24:00 的 17.5 ℃。在整个供热时段内,室内温度保持在 17.5 ℃以上,但是其温度明显低于模式 1 中的室内温度。

将模式 1 中 3 天的能量比例与模式 2 中 3 天的能量比例分别取平均值,得到这两种模式下的平均能量比例分配,如图 5-66 所示。由图可以看出,毛

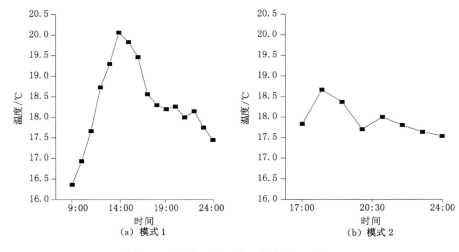

图 5-65　模式 1 与模式 2 室内温度对比

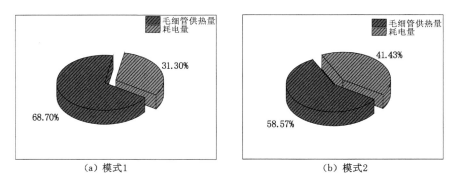

图 5-66　模式 1 与模式 2 能量比例对比

细管供热量在模式 1、模式 2 中的占比分别为 68.70％和 58.57％,耗电量的占比分别为 31.30％和 41.43％,在模式 1 中供热比为 2.19,在模式 2 中供热比为 1.41。由此可见,相比于模式 2,模式 1 更节能。

　　从上面的对比中可以得出以下结论:在相同的工况条件下,毛细管辐射采暖系统白天模式的集热效率大于夜间模式,太阳能集热器可以获取更多的热量储存于水箱当中用于室内采暖,并且在白天模式下,系统的制热时间段明显比夜间模式长。在白天模式下,室内温度基本维持在 17 ℃以上,并且在相同的供热时间段内,白天模式下的室内温度高于夜间模式。在白天模式下,总能耗中太阳能占比比夜间模式高出 10％左右,可见白天模式更节能。综上所述,毛细管辐射采暖系统白天运行模式优于夜间运行模式。

2. 模式 3 与模式 4 运行策略比较

模式 3 与模式 4 均为空气源热泵运行,由室内空调器供给热量。二者的差异是在模式 4 中,空气源热泵的蒸发侧由太阳能制取的低温热水取代空气,形成低温太阳能水/空气源热泵。下面就两种模式运行中的差异(数据均为 4 天内对应时刻的平均值)进行比较分析。

如图 5-67、图 5-68 所示为模式 3 与模式 4 中 T_{12}、T_{13} 的对比。从图中可以看出,二者有基本相同的变化趋势,均随着时间的推移,先增大然后减小,在 15:00 左右达到最大值。

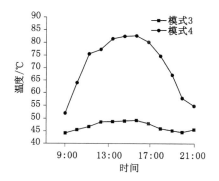

图 5-67　模式 3 与模式 4 中 T_{12} 的对比

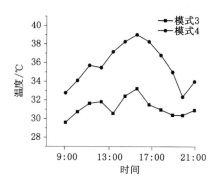

图 5-68　模式 3 与模式 4 中 T_{13} 的对比

在模式 3 中,从 9:00 开始,空气源热泵开始运行,T_{12} 为 42.71 ℃,然后开始增大,在 15:00 左右达到最大值 49.30 ℃,随后开始下降。在整个运行时段内,T_{12} 的变化范围为 6.59 ℃,变化并不是很明显。而在模式 4 中,9:00 太阳能辅助空气源热泵系统运行,T_{12} 为 52.03 ℃,比模式 3 高出 9.32 ℃,同样,T_{12} 在 15:00 达到最大值 82.50 ℃,比模式 3 高 33.20 ℃,在模式 4 运行期间,

T_{12} 的变化范围为 30.47 ℃,变化较为显著。

模式 3 中,T_{13} 在系统刚开始运行时为 29.70 ℃,然后开始升高,15:00 达到最大值 33.25 ℃,上升了 3.55 ℃,随后开始下降。而在模式 4 中,T_{13} 最初为 32.70 ℃,在 15:00 为 39.00 ℃,升高了 6.30 ℃。T_{13} 在两种模式下的变化范围均比较小,不是很明显。

如图 5-69 所示,T_{12} 与 T_{13} 的温差(即室内空调器制冷剂进出口温差)在模式 3 中由 9:00 的 13.01 ℃升至 14:00 的 18.23 ℃,升高了 5.22 ℃。而在模式 4 中,该值从 9:00 的 19.33 ℃上升到 15:00 的 43.50 ℃,升高了 24.17 ℃。

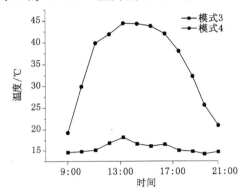

图 5-69　模式 3 与模式 4 中 T_{12} 与 T_{13} 温差的对比

综上所述,有了太阳能热水的辅助,室内空调器制冷剂进口温度 T_{12} 有了显著的提升,而出口温度 T_{13} 变化较小,两者的温差也有明显的升高。因此,低温太阳能热水对于空气源热泵系统的高效运行,效果显著。

如图 5-70～图 5-72 所示为模式 3 和模式 4 下,T_{14}、T_{15} 及其温差的对比。T_{14}、T_{15} 均随着时间的变化,先增大后减小,在 15:00 左右达到最大值。

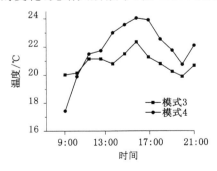

图 5-70　模式 3 与模式 4 中 T_{14} 的对比

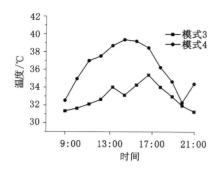

图 5-71　模式 3 与模式 4 中 T_{15} 的对比

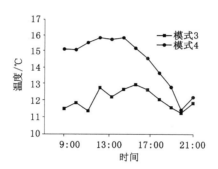

图 5-72　模式 3 与模式 4 中 T_{14} 与 T_{15} 温差的对比

在模式 3 中,室内空调器出风温度(T_{15})和室内温度(T_{14})在空气源热泵开始运行时分别为 31.35 ℃ 和 19.80 ℃,温差为 11.55 ℃,然后开始升高,在 15:00 二者达到最大值 35.40 ℃ 和 22.35 ℃,温差为 13.05 ℃,随后开始下降。从 9:00 至 15:00,T_{15}、T_{14} 分别升高了 4.05 ℃ 和 2.55 ℃,变化不是很大。室内平均温度为 20.10 ℃,热舒适度并不理想。而在模式 4 中,T_{15}、T_{14} 在 9:00 分别为 32.53 ℃ 和 17.50 ℃,在 15:00 分别达到 39.30 ℃ 和 24.10 ℃,涨幅分别为 6.77 ℃ 和 6.60 ℃,比模式 3 变化明显。室内平均温度为 22 ℃,比模式 3 高出约 2 ℃。

图 5-73 所示为模式 3 与模式 4 下,供热功率与 COP 的对比。从图中可以看出,在模式 3 和模式 4 中,供热功率也是呈先上升后下降的趋势,同样是在 15:00 左右达到运行时段内的最大值。在模式 3 中,从 9:00 至 21:00,供热功率平均值为 2.25 kW,在模式 4 中,该值为 2.86 kW,比模式 3 高 0.61 kW,且在机组运行的整个时段内,模式 4 的供热功率都明显高于模式 3。

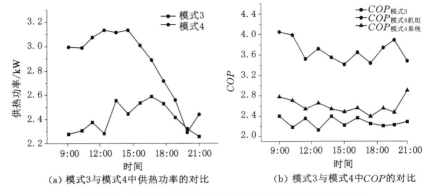

(a) 模式3与模式4中供热功率的对比　　(b) 模式3与模式4中*COP*的对比

图 5-73　供热功率和 *COP* 在模式 3 与模式 4 下的对比

就 *COP* 而言,在模式 3 中,空气源热泵机组的平均值为 2.27,而在模式 4 下该值为 3.67,升高了 1.40,太阳能辅助空气源热泵系统的 *COP* 平均值为 2.58,同样高于模式 3 下的平均值。

综上所述,在模式 4 中,有了低温热水的辅助,机组的制热量和 *COP* 都明显增加,节能效果显著。

如图 5-74 所示为模式 3 与模式 4 下的能量比例对比分析。在模式 3 中,室内供热量的来源有两部分,即空气能和电能,二者的占比分别为 57.11% 和 42.89%;而在模式 4 中,热量由太阳能和电能提供,分别占 64.05% 和 35.95%。空气能和太阳能属于可再生能源,取之不尽用之不竭,太阳能在模式 4 中的比例比空气能在模式 3 中的比例大 6.94%。但是就两种模式的小时耗电量来说,模式 3 为 1.004 kW·h,模式 4 为 1.05 kW·h,基本持平。

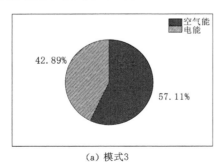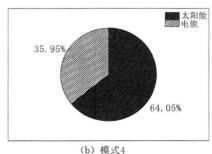

(a) 模式3　　　　　　　　　　　(b) 模式4

图 5-74　模式 3 与模式 4 下能量比例的对比分析

综上所述,有了太阳能热水的辅助,空气源热泵系统的运行稳定性和制热性能有了明显的改善,室内温度也显著增大,热舒适度增加。

3. 组合模式运行策略比较

将单一空气源热泵系统、太阳能辅助空气源热泵系统以及太阳能毛细管辐射采暖系统联合运行,可以分为 4 种联合运行模式,其温度曲线对比如图 5-75～图 5-78 所示。下面就这 4 种模式运行中的差异进行比较分析。

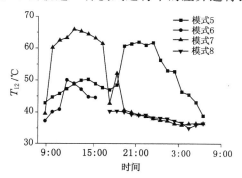

图 5-75　4 种模式下 T_{12} 对比

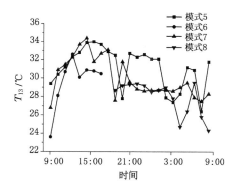

图 5-76　4 种模式下 T_{13} 对比

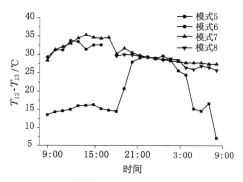

图 5-77　4 种模式下 T_{12} 与 T_{13} 温差对比

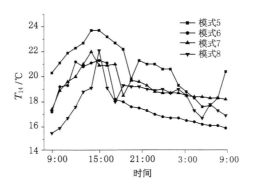

图 5-78　4 种模式下 T_{14} 对比

从图中可以看出,太阳能辅助模式在组合中白天夜晚 T_{12} 温度均最高,相比之下空气源则夜间较白天 T_{12} 温度低。T_{12} 在模式更改后有着明显的变化,但是总体来说空气源热泵受白天夜晚影响较大,导致模式 7 相比模式 5,T_{12} 温度变化幅度更大。

室内空调器出口制冷剂温度 T_{13},白天空气源热泵与太阳能辅助差别不大,夜间空气源热泵 T_{13} 低于太阳能辅助。T_{12} 与 T_{13} 温差基本维持在 20 ℃ 左右,模式 5 下其温差较小。

通过对室内温度 T_{14} 对比,可得知各组合模式采暖均可以保证冬季室内温度标准。模式 6 下夜间温度最低,但是由于其采用的是毛细管辐射方式,因此对室内温度要求可以适当降低 2 ℃,也就是将毛细管温度看作高出 2 ℃。在模式 8 下,当模式更改时,其室内温度变化最为平缓。

图 5-79 所示为 4 种模式供热功率和 COP 对比,从图中可以看出,供热功率最高的为太阳能辅助热泵,其次为空气源热泵,最后为毛细管辐射采暖。

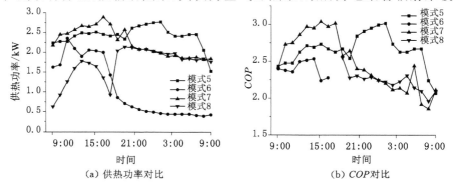

（a）供热功率对比　　　　　　　　　　（b）COP对比

图 5-79　4 种模式下供热功率和 COP 的对比

4 种模式中模式 5 供热量最为稳定,白天室外温度较高,空气源热泵供热效果较好,水箱中的水白天蓄热用来供给晚上辅助模式,使晚上热源稳定供热。COP 的变化趋势和供热量相似,空气源热泵夜间采暖 COP 远远低于白天,因此更加适用于白天。模式 5 的 COP 平均值最大。

通过图 5-80 所示能量比例的饼图对比,模式 6 为压缩机耗电量所占比例最小的模式,为 25.32%;模式 7 为压缩机耗电量所占比例最大的模式,为 46.72%。这主要是由于太阳能辐射采暖不需要压缩机做功,而模式 6 采用了毛细管采暖方式,且毛细管方式运行时间较长,极大地减少了能耗。与此相同,模式 8 的压缩机耗电量所占比例也较低。而对于模式 7 来说,太阳能辅助和空气源热泵都需要压缩机做功来制热,加之空气源热泵夜间运行效率较低,制热量较少。

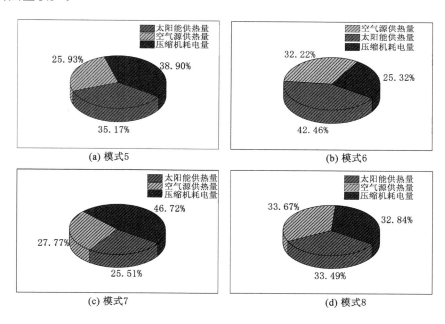

图 5-80　能量比例在 4 种模式下的对比

从图 5-81 所示柱状图中可以明显看出,虽然在饼图比较时,模式 6、8 压缩机耗电量所占比例都较小,但模式 6 一天的供热量在 4 种模式中是最低的,而模式 8 供热量较高。模式 5 一天供热量最高,其压缩机耗电量在 4 种模式中属于平均水平,也是一种较为节能的模式。

从图 5-82 可以看出,总耗电量中各个模式压缩机所占比例均为最大。从

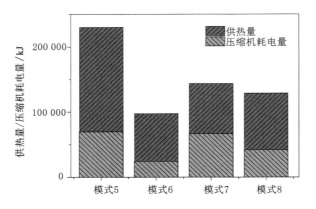

图 5-81　供热量及压缩机耗电量在 4 种模式下的对比

图 5-83 可以看出,压缩机能耗高,其所占比例也高,这就使空气源与太阳能辅助结合的模式 5、7 总耗电量较高,而毛细管运行时间较长的模式 6、8 总耗电量较低。

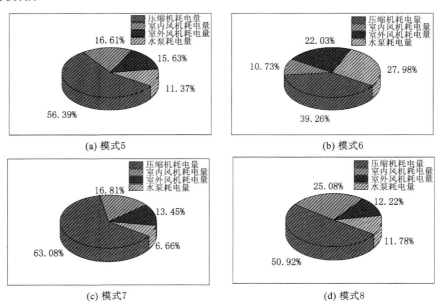

图 5-82　耗电量比例在 4 种模式下的对比

　　但如模式 6,其耗电量最低,但同时其制热量也是最低的,无法单从节能方面将其认定为最适合的模式。因此我们将一天总制热量与一天总耗电量的

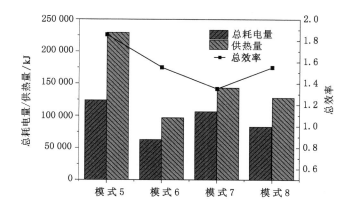

图 5-83　总耗电量、供热量及总效率在 4 种模式下的对比

比值定义为一天的总效率,将 4 种模式进行对比,明显可以看出模式 5 总效率最高,模式 6、8 效率相差不大,模式 7 最低。

4. 运行策略确定

通过前文的对比分析,可以得出空气源热泵-太阳能-毛细管辐射采暖系统 8 种运行模式各自的优缺点及适应的建筑类型,如表 5-3 所示。

表 5-3　8 种运行模式特点表

模式	运行方式	供热系数	优点	缺点
模式 1	太阳能实时集热,毛细管辐射采暖系统实时放热	3.3	太阳能集热器效率较高,采暖时段室内温度场较为均匀,热舒适度高,耗电较少	系统刚开始运行时,供热能力不足,室内温度较低;采暖总时长依赖太阳辐射强度
模式 2	太阳能白天蓄热,毛细管辐射采暖系统晚上放热	2.4	室内温度场分布均匀,室内温度较高,系统能耗较低	太阳能集热器集热效率较低,水箱水温下降速度快,采暖时间较短
模式 3	单一空气源热泵昼夜运行	2.3	室内热响应较快	室外气温较低的环境下系统结霜严重,频繁除霜,不能稳定制热,室内热舒适度较低
模式 4	太阳能辅助空气源热泵(实时集热、放热)	2.8	太阳能集热器集热效率较高,系统运行稳定,室内温度响应时间短	水温低于 10 ℃后系统不能稳定运行,开始频繁启动

表 5-3(续)

模式	运行方式	供热系数	优点	缺点
模式 5	白天单一空气源热泵,晚上太阳能辅助空气源热泵	2.9	全天室内温度较高,保证了夜间采暖,较好地利用了空气能与太阳能	集热器集热效率较低,能耗较高
模式 6	白天单一空气源热泵,晚上毛细管辐射采暖系统	4.0	满足建筑白天温度要求高、夜间要求低的现状,夜间舒适度高,避免毛细管早上采暖不足,且耗电较少	太阳能集热器集热效率较低,且夜间采暖时间较短
模式 7	白天太阳能辅助空气源热泵,晚上单一空气源热泵	2.1	集热器集热效率较高,白天室内温度能够得到保证	系统能耗较高,白天、晚上温差较大,夜间系统运行不稳定,室内温度不能保证
模式 8	白天毛细管辐射采暖系统,晚上单一空气源热泵	3.1	集热器效率较高,保证了室内供热量,白天、晚上室内温差较小,热舒适度较高	夜间空气源热泵系统频繁除霜,运行不稳定

针对各类型建筑的使用特点,根据空气源热泵-太阳能-毛细管辐射采暖系统 8 种运行模式的优缺点,提出适合不同类型建筑的采暖优选方案,具体如下:

(1)新农村建筑

新农村建筑主要为一家一户的独立低层建筑,倡导以新能源代替煤炭,形成节能环保的采暖方式,本课题研究的系统适合这种发展需求。新农村建筑以低层为主,太阳能较为充足,全天室内温度需保持在冬季采暖标准之上,因此该类建筑适合采用白天毛细管辐射(水箱温度在 28 ℃以上)、夜间太阳能辅助(水箱温度在 10 ℃以上)与空气源热泵结合模式。白天毛细管辐射提供较好的舒适性,夜间太阳能辅助空气源热泵可以更好地应用低温热水,在温度不足时可以使用空气源进行弥补。

(2)低层办公建筑

低层办公建筑根据其使用特点采暖时间一般为 8:00—18:00,建筑面积大,活动集中,对舒适度要求高。因此该类建筑适合模式 1 的毛细管辐射采暖系统,加之空气源热泵辅助,在早晨水箱温度不足 28 ℃时,采用空气源热泵,之后则采用毛细管辐射。通过墙面充当较大的辐射采暖表面,节省室内空间,且无噪声干扰,为办公提供舒适安静的环境。

（3）厂房建筑

工业厂房建筑一般为高大的宽敞空间,其落差较大导致空气严重分层,室内温度梯度大,且一些工业厂房对工作环境有一定的要求,因此该类建筑白天适用地板毛细管辐射采暖,夜间适用太阳能辅助空气源热泵采暖。辐射采暖降低了空气流动量,避免了过堂风和粉尘问题,提供了良好、舒适的工作环境,有利于提高生产率。夜间采用太阳能辅助空气源热泵,利用水箱余热采暖,由于厂房夜间对温度要求较低,因此可以满足要求。

（4）别墅区建筑

别墅区建筑与新农村建筑相似,其主要追求室内的热舒适度,因此该类建筑也适合采用白天毛细管辐射、夜间太阳能辅助与空气源热泵结合模式,或在水箱中加电辅助,代替空气源热泵以弥补早晨太阳能不足供热能力不够的缺陷。

5.4　本章小结

本章从集热效率、供热功率、室内温度、能量比例分析等角度对空气源热泵-太阳能-毛细管辐射采暖系统的 8 种运行模式进行了详尽的分析,得出以下结论:单一空气源热泵系统在室外温度较低的工况下不能稳定制热,运行 1 h 会有 10 min 的时间用于除霜,造成室内温度场波动较大,热舒适度较低;单一太阳能实时集热、放热模式可以满足部分时间段采暖需求,但晚上和上午 10:00 之前,难以满足室内采暖需求;模式 1 比模式 2 的集热效率平均提高了 14.7%,供热能力提高了 18.2%,与模式 1 相比,模式 2 总的供热量明显减少,模式 1 的供热系数 3.3 大于模式 2 的供热系数 2.36,其主要原因在于模式 1 下太阳能的集热能力大于模式 2,根本原因是进水温度过高导致热量㶲下降;模式 3 和模式 4 室内温度没有显著变化,但模式 4 制冷剂的进口温度大幅提高,最高温度提高 25 ℃,而平均温度提高了 20 ℃,单一空气源热泵系统的负荷规律与供热模式不匹配,而模式 4 的负荷规律与供热规律符合度较高;模式 5 中室内温度较为稳定,COP 也在额定范围左右,供热系数为 2.89,从运行能耗分布饼图可看到,空气能、太阳能和电能几乎各占 1/3,和模式 1 的供热系数接近,而模式 1 没有能力提供一天的供热量,该模式虽然没有发挥出太阳能集热器的最大潜力,但全天的供热系数较高;模式 6 的负荷及供热量的分布存在不合理性,白天温度过高,晚上温度过低,其中,空气源热泵运行 7 h 40 min,太阳能毛细管运行 16 h 20 min,由于毛细管运行时间较长,因此,其总供热所占比例并没有远远小于空气源,全天的供热系数达到了 3.95,供热系数高于模式 1 和模式 5,而供热效果相对较差;模式 7 中室内温度白天较高,晚上正常,负荷匹配存在较大程度上的偏差,供热系数为 2.14;模式 8 的负荷及供热量分布相对合理,室内温度稳定,供热系数为 3.05。

在太阳能辅助空气源热泵系统中,太阳能热水取代了室外蒸发器用于热泵循环的低温热源,热泵系统能够稳定运行,室内温度波动较小,基本保持在 20 ℃左右;在低温毛细管辐射采暖系统中,毛细管供水温度高于 28 ℃即可满足室内采暖需求,室内温度保持在 18 ℃左右,体感温度为 20~21 ℃,且室内温度场均匀,热舒适度较高;在有太阳能热水参与的循环中,系统总体比较节能,并且稳定、可靠、高效;各种组合系统的运行模式各有特点,应针对不同的建筑选用不同的采暖组合形式。

通过对空气源热泵-太阳能-毛细管辐射采暖系统 8 种运行模式的纵向对比分析,得出以下重要结论:

(1) 毛细管辐射采暖系统白天运行模式优于夜间运行模式。在白天模式下,太阳能集热效率高,采暖时间长,室内温度较高,并且在总的能量比例中,白天模式下的太阳能所占的比例比夜间模式高出 10%,较为节能。

(2) 太阳能辅助空气源热泵系统运行模式优于单一空气源热泵系统运行模式。在太阳能辅助空气源热泵系统中,有了太阳能水的辅助,空气源热泵系统能够稳定制热,室内温度有所升高,且波动较小,系统的 COP 明显增大。但是就耗电量而言,太阳能辅助空气源热泵系统较单一空气源热泵系统有所增加。

(3) 空气源热泵-太阳能-毛细管辐射采暖系统的组合运行模式各有利弊,应该根据建筑的不能功能选择不同的采暖策略,但是较为节能的方式是尽可能多地利用低温毛细管辐射采暖系统进行采暖(水温大于 28 ℃),不能满足需求的时候利用该低温水进行太阳能辅助空气源热泵系统采暖(水温大于 10 ℃),最后再选择单一空气源热泵系统。

参考文献

[1] TOUCHIE M F, PRESSNAIL K D. Testing and simulation of a low-temperature air-source heat pump operating in a thermal buffer zone[J]. Energy and buildings,2014,75:149-159.

[2] ZHANG L, FUJINAWA T, SAIKAWA M. A new method for preventing air-source heat pump water heaters from frosting [J]. International journal of refrigeration,2012,35(5):1327-1334.

［3］BAKIRCI K，YUKSEL B. Experimental thermal performance of a solar source heat-pump system for residential heating in cold climate region ［J］. Applied thermal engineering，2011，31(8)：1508-1518.

［4］HADDAD K. Solar energy utilization of a residential radiant floor heating system［J］. ASHRAE transactions，2011，117(1)：79-86.

［5］ HALLER M Y，BERTRAM E，DOTT R，et al. Review of component models for the simulation of combined solar and heat pump heating systems［J］. Energy procedia，2012，30：611-622.

［6］何梓年，朱敦智. 太阳能供热采暖应用技术手册［M］. 北京：化学工业出版社，2009.

［7］王如竹. 关于建筑物节能及复合能量系统的几点思考［J］. 太阳能学报，2002，23(3)：322-335.

［8］赵薇，张于峰，邓娜，等. 太阳能-低温热管地板辐射供热系统实验研究［J］. 太阳能学报，2008，29(6)：637-643.

［9］ZHANG L，LIU X H，JIANG Y. Experimental evaluation of a suspended metal ceiling radiant panel with inclined fins［J］. Energy and buildings，2013，62：522-529.

［10］HU R，NIU J L. A review of the application of radiant cooling & heating systems in Mainland China［J］. Energy and buildings，2012，52：11-19.

［11］KANG W B，ZHAO M，LIU X，et al. Experimental investigation on a ceiling capillary radiant heating system［J］. Energy procedia，2015，75：1380-1386.

第6章　可再生能源新技术

6.1　可再生能源的新农村低负荷装配式冷暖一体房

　　目前,新农村建设处于快速发展阶段,传统砖混结构工程施工难度大、周期长、造价高等缺点,制约着新农村的发展。据统计,新农村建筑采用的建筑材料能耗高、环境污染严重。同时对一普通用户来说,传统的砖混住宅所需要的高昂建造成本难以承担。

　　根据调研结果,京津冀地区农村采暖方式主要是煤炭小锅炉,由于其环境污染严重、维护复杂、运行成本相对较高、系统寿命短、温度梯度大、环境热舒适度低、不能制冷等缺点,已经不能满足时代需求、环境标准和用户的舒适度要求。

　　针对以上问题,本课题组提出了一种太阳能、空气能低负荷装配式冷暖一体房,包括房屋主体、空气源热泵、立面毛细管网等,如图6-1所示。

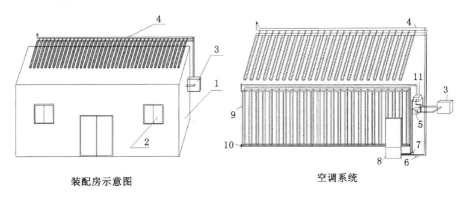

装配房示意图　　　　　　　　　　　空调系统

1—装配式建筑主体;2—装配式建筑窗户;3—空气源热泵室外机;
4—太阳能集热管;5—空气源热泵室内机;6—集热水泵;7—毛细管循环水泵;
8—水箱;9—立面毛细管网;10—水槽;11—水制冷剂换热器。
图6-1　可再生能源的新农村低负荷装配式冷暖一体房

太阳能辅助空气源热泵系统流程图如图 6-2 所示,冬季供热时,有 3 种运行模式。运行模式一:太阳能集热系统作为单独热源对室内进行供热,在太阳能集热管内吸热后的水被输送至连通水箱,再通过毛细管循环水泵被输送至立面毛细管网从而对建筑室内供热;运行模式二:空气源单独供热,空气源热泵以制冷剂为热媒,在空气中吸收热量(在蒸发器中间接换热),压缩机将低温位热量提升为高温位热量,制热循环水;运行模式三:太阳能集热器加热的热水储存在水箱中,然后流经换热器与热泵的制冷剂换热,后者经过循环将热量供给室内。

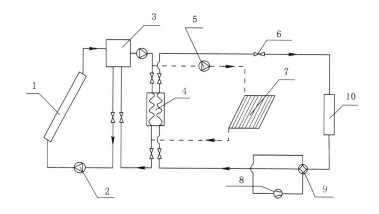

1—太阳能集热器;2—集热水泵;3—水箱;4—水制冷剂换热器;5—毛细管循环水泵;
6—膨胀阀;7—毛细管网;8—压缩机;9—四通转化阀;10—蒸发器。
图 6-2　太阳能辅助空气源热泵系统流程图

该采暖系统采用热管式太阳能低温集热系统辅助空气源热泵,解决了恶劣天气时的供冷、供热问题。该一体化系统集建筑、空调系统为一体,能够减少新农村的建设施工问题,减少农村的燃煤量,提高新农村的居住环境,具有可移动性、节能性好、成本低、安全性能好、舒适度高、无污染、寿命长的优点。

6.1.1　垂直热管太阳能立面辐射系统

房屋主体采用航运集装箱作为建筑基础,夹芯板作为墙板材料,集装箱通过标准模数系列进行空间组合,最后采用螺栓连接或焊接连接,可以方便快捷地进行组装和拆卸,且材料可以实现二次利用。

屋顶的上方安装有太阳能集热管,屋内安装有立面毛细管和水箱,水箱、立面毛细管和循环水泵连通组成室内的水循环系统,太阳能集热管、水箱和集热水泵连通组成太阳能供热系统,立面毛细管的末端连接有用于采暖、制冷的空气源热泵系统,如图 6-3、图 6-4 所示

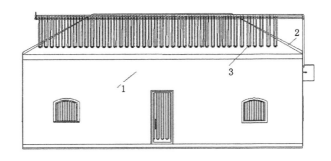

1—房屋主体;2—屋顶;3—太阳能集热管。

图 6-3　模块速成被动式太阳能、空气能冷暖一体房(正视图)

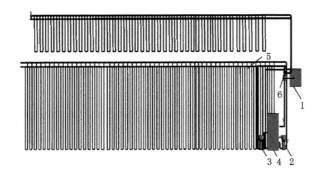

1—空气源热泵室外机;2—循环水泵;3—集热水泵;

4—水箱;5—立面毛细管网;6—水-制冷剂板式换热器。

图 6-4　冷暖系统示意图

6.1.2　系统实验介绍

1. 系统介绍

该改造房屋建筑位于华北科技学院北区,建筑主体由航运集装箱加工改造而成,建筑面积为 36 m²,尺寸(长×宽×高)为 12 m×3 m×3 m,墙厚10 cm,门窗均为三层真空保温玻璃,如图 6-5 所示。

该建筑采用太阳能辅助空气源热泵辐射采暖系统。该系统所包含的设备为:3 组热管太阳能集热器、1 个节能型集热水箱、1 个水-制冷剂板式换热器、1 个空气源热泵室外机、1 个集热水泵、1 个循环水泵、立面毛细管辐射末端以及阀门部件和控制系统,系统原理图如图 6-6 所示。

该系统为闭式系统,水箱共有 6 个出口,分别为集热供回水管、放热供回

图 6-5　改造式住宅建筑

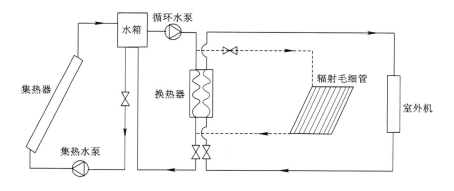

图 6-6　实验系统原理图

水管的 4 个出口,以及顶部排气阀和底部装有压力传感器和泄水阀门的 2 个出口。系统可通过毛细管回水管靠近水箱处的三通补水。将太阳能集热器与空气源热泵并联,太阳能集热器为热管集热器,一共分为 3 组,前两组太阳能集热器串联,在第三组太阳能集热器前安装 2 个阀门,具体见图 6-7。热管太阳能或空气源热泵将吸收的能量通过管道循环储存在蓄热水箱中,蓄热水箱通过循环水泵由立面毛细管辐射末端向室内供给热量。系统主要设备参数见表 6-1、表 6-2。

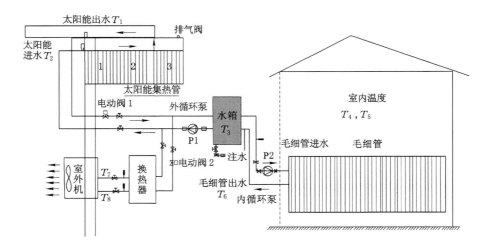

图 6-7 太阳能辅助空气源热泵辐射采暖系统图

表 6-1 系统设备参数

序号	名称	主要参数
1	太阳能集热器	热管真空管 10 m²
2	水箱	0.1 m³
3	集热水泵	0.198 kg/s
4	循环水泵	$Q=4.12$ L/min，$H=14$ mH₂O
5	换热机组	额定制热功率 3 kW，出水温度 35～55 ℃，额定热水产量 75 L/h
6	铂电阻传感器	精度：±1 ℃，量程：−20～200 ℃
7	辐射毛细管	20 m²

表 6-2 温度传感器符号释义

名称	含义	名称	含义
T_1	太阳能集热器出水温度	T_5	室内温度2
T_2	太阳能集热器进水温度	T_6	毛细管回水温度
T_3	水箱温度	T_7	工质出口温度
T_4	室内温度1	T_8	工质进口温度

2. 系统运行控制

为了对该系统的热力学性能、运行效果进行分析，课题组对本系统的太阳能集热器温度、毛细管网回水温度、室内温度，以及空气源热泵制冷剂进、出口温度进行了测试,测试时间为 2018 年 2 月 3 日至 2018 年 3 月 8 日。本系统白天优先运行太阳能集热系统,夜晚运行空气源热泵系统,该系统通过 PLC 进行智能控制,主要运行功能为:水箱水温<55 ℃时启动水泵 P1,水箱水温≥60 ℃ 时关闭水泵 P1;房间内温度<25 ℃ 时启动水泵 P2,房间内温度≥30 ℃时关闭水泵 P2;水箱水温<35 ℃,且太阳能集热器内水温与水箱水温温差小于 1.5 ℃ 时,开启空气源热泵;水箱温度≥40 ℃或太阳能集热器内水温比水箱水温大于等于 2.0 ℃时,关闭空气源热泵。在采暖初末期或者太阳辐射能力较强时,手动关闭通往第三组太阳能集热器的阀门,只采用前两组太阳能集热器供热。

6.1.3 实验数据分析

1. 太阳能蓄热过程分析

太阳能的蓄热主要从 9:00 开始持续到 17:00。以 2018 年 2 月 4 日和 2 月 8 日为例分析一天蓄热逐时温度变化,如图 6-8、图 6-9 所示。

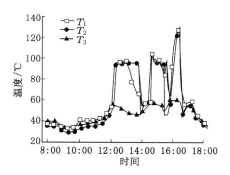

图 6-8　2 月 4 日蓄热温度变化

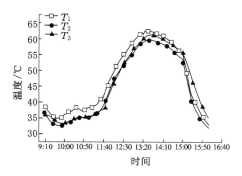

图 6-9　2 月 8 日蓄热温度变化

从图 6-8、图 6-9 中可以看出,水箱温度与太阳能集热器温度变化趋势基本一致。8:30 以后集热管温度 T_1、T_2 开始急剧上升,并开始对水箱加热。一开始太阳辐射强度不能够承担室内热负荷,所以水箱温度有一小段下滑,随着太阳高度的变化,吸收的太阳能越来越多,集热量大于室内热负荷,此时水箱开始蓄热,水箱总能量上升,温度增加。一旦水箱温度达到 60 ℃,此时就会关闭水泵 P1,热管太阳能集热器温度就会急剧升高到 140 ℃,顶部的排气阀在水温超过 100 ℃就会开始排气。T_2 为太阳能进水温度,可以达到 120 ℃以上(该系统为闭式系统,排气阀来不及排气时,压力升高,水的沸点升高),但 T_2 不是水箱出水温度(水箱在地面机房,利用水的温度分层理论设计,室内循环泵在水箱上部,向室内提供水箱上部太阳能集热循环后的热水,太阳能循环泵在水箱下部,向太阳能集热器提供水箱下部室内循环后的冷水,避免了冷热水的掺混造成能量浪费的问题,并且 T_2 温度探头所测位置在太阳能循环泵后的管道上,靠近太阳能侧,易受太阳能集热影响)。同时水箱向室内供热,但是没有集热,所以此时水箱温度开始下降直到水箱温度低于 55 ℃,水泵 P1 再次启动,水箱又开始蓄热直到 60 ℃,如此反复循环。2 月 4 日使用了 3 组太阳能集热,而 2 月 8 日通过调节阀门,只采用了 2 组太阳能集热,所以热管太阳能集热器温度没有超过 65 ℃,但水箱温度依然可以达到 60 ℃。16:00 以后集热管集热能力下降不足以承担室内负荷,水箱温度降低。夜晚水箱温度急剧降低的原因可能是,水箱底部泄水管道未做保温处理和水箱容积较小,室内毛细管面积较大,散热较快,以及该建筑用户开门窗等行为。

2. 毛细管放热过程分析

供热系统末端为毛细管网,系统测试期间对改造式住宅室内温度进行监测,监测结果如图 6-10、图 6-11 所示。从图中可以看出,室内温度均在 20 ℃以上,晚上空气源热泵运行期间室内温度维持在 22～24 ℃,在太阳能集热器运行期间室内温度先上升再降低,在下午 14:00～16:00 期间室内温度在 26 ℃以上,人们会因为室内热而开门窗,所以室内温度会有轻微波动。室内温度 T_4 比 T_5 稍高的原因是,室内循环热水首先通过 T_4 监测房间放热。太阳能集热器停止运行后,室内温度逐渐下降,次日 7:00 左右达到最低值约 21 ℃。其中 2 月 8 日 18:00 之后温度明显下降是由于人为开窗造成的。

改造式住宅室内温度均在 20 ℃之上,高于普通住宅采暖温度。本系统末端为立面毛细管网辐射采暖。由于毛细管网的高密度性,在相同热舒适度情况下,可以适当降低循环水温度,由图 6-10 和图 6-11 可以看出,循环水水温在 30 ℃之上即可保证室内温度在 20 ℃以上,这大大提高了系统的运行效率。

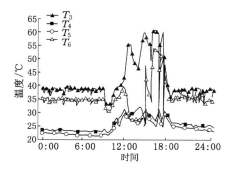

图 6-10　2 月 4 日放热温度变化

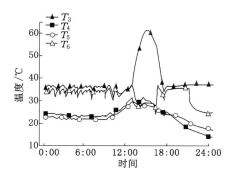

图 6-11　2 月 8 日放热温度变化

3. 单一空气源热泵运行模式

当水箱温度低于 35 ℃时,则不足以保证室内舒适的温度。系统自动判断太阳能集热器内水温与水箱水温温差,若 T_2-T_3 或 T_1-T_3 温差低于 1.5 ℃,则启动空气源热泵运行模式。

空气源热泵在晚上及太阳能集热器供热量不足时辅助运行,对空气源热泵工质与换热器之间进出口温度进行监测,并对数据进行整理,如图 6-12、图 6-13 所示。从图中可以看出,空气源热泵在 18:00～8:00 运行,其热泵工质进入换热器的温度基本在 30～60 ℃之间,工质出口温度基本在 20～35 ℃之间,在刚由太阳能供热模式切换为热泵供热模式时,室内负荷较小,制冷剂进出口温差较小,制冷剂进出口温差随着建筑负荷的增大而逐渐增大,而水箱温度也随工质进出口温度变化而呈正余弦波动。以 2 月 4 日和 2 月 8 日工质进出换热器温度为例,在空气源热泵运行期间,空气源热泵运行较稳定,水箱的温度基本维持在 35～40 ℃之间,室内温度受建筑负荷和室内立面毛细管辐射温度影响,稳定在 20 ℃以上。

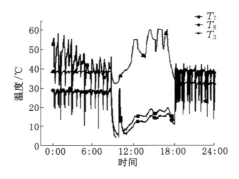

图 6-12　2 月 4 日空气源热泵运行过程

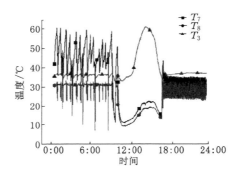

图 6-13　2 月 8 日空气源热泵运行过程

4. 系统运行特性分析

通过对实验系统的测试,可以知道在太阳能集热系统运行期间,太阳能集热器内水温在 40～140 ℃之间,经系统循环使蓄热水箱内水温维持在 40 ℃以上,通过末端散热后,室内温度在 26～30 ℃之间波动,因此太阳能集热系统能够长时间较稳定地对该建筑进行供热。故在常规天气状况下,太阳能集热系统能够长时间对室内进行较稳定供热,且能够提供本类型建筑足够的热量。

通过对图 6-12、图 6-13 进行分析,可以看出在单一空气源热泵运行期间,空气源供热工质温度基本在 30～60 ℃之间波动,经过换热器后工质温度下降至 30 ℃以下。低温水经换热器后供给蓄热水箱,能够使蓄热水箱内水温维持在 35～40 ℃,进而长期稳定地通过循环系统供给室内热量,维持室内温度在 20 ℃之上。因此,在京津冀地区,空气源热泵能够在常规天气下供给本类型改造式住宅足够热量。在本系统中空气源热泵采暖时间占总时间的 64.6%。

6.1.4　结论

本课题组搭建了太阳能辅助空气源热泵毛细管热性能测试平台,分析了太阳能集热热水温度、蓄热量、供热性能等参数的变化规律,得出以下结论:

(1) 使用改造式住宅建筑热负荷明显低于普通农村住宅,具有很好的节能效果。

(2) 太阳能辅助空气源热泵毛细管辐射系统在此建筑下,供热更加安全稳定,室内温度在 20 ℃以上,热舒适温度可达到 23 ℃,高于普通住宅采暖温度,适宜人们居住,具有广泛的应用空间。

(3) 本系统太阳能集热器采暖期间时间占比为 35.4%,空气源热泵采暖期间时间占比为 64.6%。

(4) 太阳能辅助空气源热泵系统能够保证京津冀地区农村住宅、别墅以及低层办公建筑的采暖需求,系统所用能源为洁净可再生能源,对京津冀地区能源利用体系的完善意义重大。

6.2　PV/T 系统光电光热实验

太阳能集热与光伏技术相对成熟、性价比高、运行稳定可靠。太阳能集热效率在 60% 左右,但太阳能电池的效率总体在 25% 以下,尤其是在实际应用中,其效率在 15% 左右,且晶体硅电池的发电效率对温度有依赖性,温度每升高 1 ℃将导致输出功率减少 0.4%～0.5%[1]。且 50% 以上到达电池表面的能量转变成了热量,这导致太阳能电池工作温度通常在 50 ℃以上,甚至高达 80 ℃,严重影响了太阳能电池的工作效率。针对这种现象,Kern 和 Russell 于 1978 年提出用水或空气作为吸热介质的光电光热综合利用研究[2],由此逐渐形成 PV/T 系统,它解决了部分单独使用光电、光热技术问题。

目前国内外学者提出众多集热板芯形式:双通道 PV/T、平行蛇形管式、新型扁盒式铝合金式、微通道热管式、薄平板型、微热管阵列型、扁形螺旋管式、毛细管网状的管板式等集热器形式。本书实验研究了一种新型扁盒肋片式集热器。

6.2.1　扁盒肋片式集热器

1. 板芯构成

本书基于普通扁盒式吸热板芯,提出了一种新型的铁制扁盒式太阳能吸热板芯。该吸热板芯由两片平行设置的厚度为 1 mm 的平板状金属薄片通过全密封焊接构成,其中一片为平滑表面,另一片为向内冲压成大、小鼓泡按序排列且相邻两排错开设置的波纹,板片间可形成不等截面的薄形波纹工质紊流通道,并在波纹板片的四个角上开有四个角孔,作为与传热工质流道相连通的工质进口和出口,如图 6-14 所示。

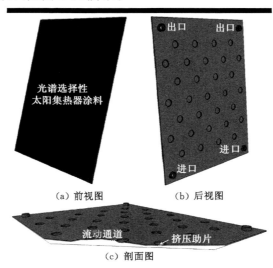

图 6-14　大小鼓泡相间型集热器构造示意图

2. PV/T 组件

该 PV/T 系统组合形式依次为光伏电池板、大小鼓泡相间扁盒式集热器和保温材料以及用于安装上述 3 种组件的金属外框(由侧框以及侧框背面的背框构成),如图 6-15 所示。光伏电池板固定在金属外框的侧框内,并与背框之间留有用于安装集热器和保温材料层的间隙;集热器和保温材料层通过 U 形弹性金属件与金属外框的背框配合,快速固定于光伏电池板背面与金属外框之间;在保温材料层侧边上分布有若干弹性金属件容纳腔,该金属件内置于容纳腔内,一端抵住集热器,另一端抵住金属外框的背框,并通过弹性形变力将集热器的正面紧贴住光伏电池板的背面。此板芯可用于现有 PV 板改造和新建 PV 板。

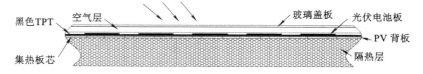

图 6-15　PV/T 组件结构截面图

6.2.2　实验装置

文献[3]仅在 5 月份对该 PV/T 系统进行了测试,本书对该系统进行了冬季测试,测试平台如图 6-16 所示,该系统设置于北京市东燕郊。集热板正南方向倾斜角为 47°,实验测试系统由 PV/T 集热器、循环水箱(100 L)、循环水泵(Wilo RP 25/60-2)、电力输出系统、水路管道、多个阀门等组成。测试仪表及设备参数见表 6-3。容积 100 L 的水箱竖直放置于箱式活动房的北侧,水箱内竖直布置 21 个温度测点。每块 PV/T 板均匀布置 9 个测温点(见图 6-17),以准确掌握板芯温度分布。

图 6-16　PV/T 集热系统实验平台

表 6-3　测试仪表及设备参数

设备	量程	精度
温度传感器	−50～200 ℃	A 级
超声波热量表	4～95 ℃ 0.05～5 m³/h	2 级
电流	—	0.01 A
电压	—	0.3 V
辐射表	0～2 000 W/m²	<5%
环境温度	−40～80 ℃	±0.1 ℃
环境风速	0～70 m/s	±0.3 m/s
环境风向	0～360°	±3°

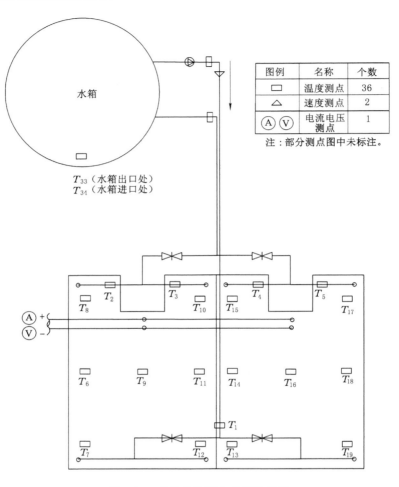

图例	名称	个数
▢	温度测点	36
△	速度测点	2
Ⓐ Ⓥ	电流电压测点	1

注：部分测点图中未标注。

图 6-17　实验系统测点布置示意图

6.2.3　测试结果分析

实验进行系统连续测试，选取其中天气晴朗的 4 天进行分析，测试时间分别为 2018 年 11 月 18 日、11 月 22 日、11 月 24 日、12 月 14 日，每天测试时间为 9:00～17:00。经分析，4 天情况相似，现以 11 月 18 日为例进行说明。实验测试期间体积流量为 113.1 L/min，全天室外平均风速为 1.76 m/s。

板芯温度随时间先增长后降低，温度峰值在 15:00 左右[图 6-18(a)]，相比于辐射峰值 12:00 延后近 3 h。全天 PV 板输出电压、电流基本保持不变。当太阳辐射低于 400 W/m² 后，发电功率急剧下降[图 6-18(b)]，但发电效率全天呈现"凹"型,以太阳辐照度最大为发电效率最低点,发电效率不足 3%[图 6-18(e)],推测原因是 PV 板老化(室外放置 2.5 年),此时体现出常年处于室外的 PV 板的发电状态。此外由于 PV 板温度分布不均匀,最大相差 2.5 ℃,可导致 PV 板内部产生负载,以热量形式消耗其他电池产生的功率[4]。

水箱温度呈"驼峰式"曲线[图 6-18(c)],即先集热后放热。在 15:00 左右水箱温度达到最大值 24.76 ℃、25.64 ℃。在 9:00~14:00 之间,集热量为 5.32 MJ,集热效率为 12.6%。相比于其他太阳能集热实验,该实验集热效率

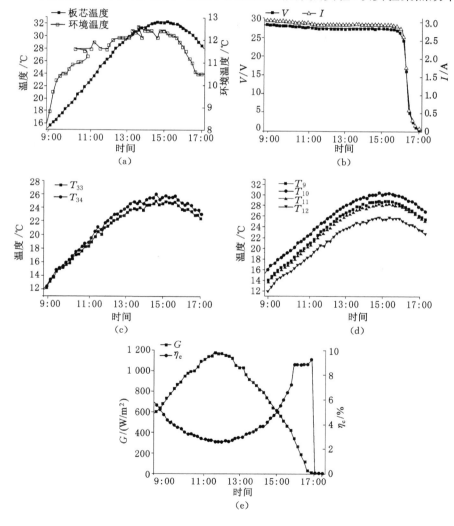

图 6-18 2018 年 11 月 18 日运行状况图

严重偏低,推断 PV 板对外散热比例大于 PV/T 集热比例。板芯温度趋势与水箱温度趋势相同,温度分布为 $T_{10} > T_9 > T_{11} > T_{12}$,即中心温度略高于外侧温度,入口温度最低,出口温度最高,与上述模拟部分及红外摄像所得结果相对应。

通过对实验系统监测数据分析,可以得到,太阳辐射稳定阶段本实验系统的峰值功率在 85～88 W 之间,发电效率基本在 10% 以下,这可能是由于本实验系统的 PV/T 组件距离其生产的时间较长,内部电池产生老化导致的;太阳能的集热量在 4.2～7.1 MJ 之间,集热效率在 12.6%～15.7% 之间,实验系统的集热量和集热效率较低,主要原因有冬季室外温度较低,且实验系统管道和水箱的保温性能并不理想。

通过对吸热板芯背板的温度进行分析发现,吸热板芯背板温度总体呈先上升后降低的趋势,吸热板芯的近进口部位温度峰值与吸热板芯近出口部位温度峰值并不统一,前者稍延迟于后者 20 min 左右。

6.3　燃气红外线辐射采暖系统

传统采暖方式采用加热建筑内空气,通过热空气将热量传给人或物体,热能有效利用率较低,对于大空间而言,热损更大。燃气红外线辐射采暖系统模仿太阳辐射地球的原理,通过红外线辐射,对辐射到的区域直接加热,并通过二次辐射加热四周的其他物体,使得房间底层温度高,工作环境温暖舒适,热能利用率非常高。采暖效果图如图 6-19 所示。

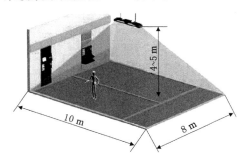

图 6-19　采暖效果图

该采暖系统不消耗电能,而是用天然气或者石油气等,能耗极低。对比传统对流采暖方式节约 30%～50% 的采暖费用,减少 90% 的管理维护人员。

管道天然气、液化天然气、压缩天然气或液化石油气,与空气在触媒催化层(见图 6-20)的作用下发生催化氧化反应,产生 $3 \sim 7~\mu m$ 波长的红外线,同时产生少量的 CO_2 和水蒸气。其中,触媒催化层的作用是加速反应速率,本身不会被消耗,整个过程是一种比普通燃烧剧烈数千倍的无火焰燃烧反应,同时把燃气的化学能转化成为红外光能,催化燃烧能源转化率为 98.5%,另外最终产物只有水和二氧化碳,不排放 NO_x 或 CO,同时催化 VOC,减少排放。

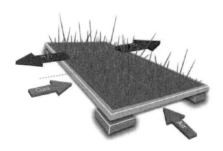

图 6-20　燃气红外触媒催化层技术

6.4　本章小结

结合社会对应急装备的需求,课题组在便携式可再生能源装备和技术基础上进行了开发,主要利用可再生能源如太阳能、生物质能、空气能等,为移动或临时装配式建筑提供发电、供热、供热水需求的装备和技术。

参考文献

[1] CHOW T T. A review on photovoltaic/thermal hybrid solar technology[J]. Applied energy,2010,87(2):365-379.

[2] KERN J E C,RUSSELL M C. Combined photovoltaic and thermal hybrid collector systems [C]//The 13th IEEE photovoltaic specialists conference,Washington DC,USA,1978:1-5.

[3] XU P,ZHANG X X,SHEN J C,et al. Parallel experimental study of a novel super-thin thermal absorber based photovoltaic/thermal (PV/T) system against conventional photovoltaic (PV) system[J]. Energy reports,2015(1):30-35.

[4] 伊纪禄,刘文祥,马洪斌,等.太阳电池热斑现象和成因的分析[J].电源技术,2012,36(6):816-818.

第7章 结论与展望

7.1 结论

本书系统介绍了低温太阳能辅助空气源热泵辐射采暖系统组合模式,通过实验数据分析了各种复合系统工作能效变化,结合低位可再生能源能量品位的理论分析,深度揭示了各能量传输过程中的本质,为以后该类型采暖系统设计提供了依据。

(1) 低位能量变化规律

结合能量㶲分析得到了能量在交换过程中的变化规律如下:

① 在集热环节,改变集热器加热温度与进出水平均温度差,或者改变集热器进出水温差都会影响集热过程㶲损失率,而改变集热器加热温度与进出水温度差对集热过程㶲损失率的影响更大。

② 辐射末端的加热温度和环境温度越接近,㶲损失变化越剧烈,节能效果越显著,在此阶段进行节能设计效果越显著;当加热温度升高到一定程度时,通过降低加热温度减少㶲损失效果不显著;虽然降低加热温度对㶲损失的降低不显著,但对高温热源的能量利用效率却可以大幅提高。

(2) 太阳能辅助空气源热泵辐射采暖系统

单一空气源热泵系统在室外温度较低的工况下不能稳定制热,运行 1 h 会有 10 min 的时间用于除霜,造成室内温度场波动较大,热舒适度较低;单一太阳能实时集热、放热模式可以满足部分时间段采暖需求,但晚上和上午 10:00 之前难以满足室内采暖需求;虽然太阳能蓄放热模式时,水箱中集热水温比白天集热晚上放热模式低 34 ℃,但集热效率平均提高了 14.7%,供热能力提高了 18.2%,大幅提高了集热能力,提高了可再生能源在采暖能耗中的比例;太阳能辅助热泵与单一空气源热泵相比,制冷剂进口温度可以大幅提高,最高温度提高了 25 ℃,而平均温度提高了 20 ℃;单一空气源热泵系统的负荷规律与供热模式不能很好地匹配。

在太阳能辅助空气源热泵系统中,太阳能热水取代了室外蒸发器用于热泵循环的低温热源,可以更好地利用太阳能的集热能力,热泵系统能够稳定运行,室内温度波动较小,基本保持在 20 ℃左右;在低温毛细管辐射采暖系统中,毛细管供水温度高于 28 ℃即可满足室内采暖需求,室内温度保持在 18 ℃左右,体感温度为 20~21 ℃,且室内温度场均匀,热舒适度较高;在有太阳能热水参与的循环中,系统总体比较节能,并且稳定、可靠、高效。各种组合系统的运行模式各有特点,应针对不同的建筑选用不同的组合形式进行室内采暖。

（3）优化设计

课题组基于能量在不同温度下的㶲理论分析及实验数据分析,提出了采用各种新型材料的低温高效集热器辅助热泵的思路;结合水的能量在不同温度下混合会造成熵增、㶲减现象,合理设计了高低温水分离水箱;从热应力角度出发,给出了 3 种换热器的热品质分布效果图,依据温度分布的均匀度,建议选择套管换热器;依据热像图以及辐射管网水温度变化,给出了不同水温度下毛细管网的设计和选择。

（4）运行策略

① 毛细管辐射采暖系统白天运行模式优于夜间运行模式。在白天模式下,太阳能集热效率高,采暖时间长,室内温度较高,并且在总的能量比例中,白天模式下的太阳能所占的比例比夜间模式高出 10%,较为节能。

② 太阳能辅助空气源热泵系统运行模式优于单一空气源热泵系统运行模式。在太阳能辅助空气源热泵系统中,有了太阳能水的辅助,空气源热泵系统能够稳定制热,室内温度有所升高,且波动较小,并且系统的 COP 明显增大。就耗电量而言,太阳能辅助空气源热泵系统较空气源热泵系统有所增加。

③ 空气源热泵-太阳能-毛细管辐射采暖系统的组合运行模式各有利弊,应该根据建筑的不同功能选择不同的采暖策略,但是较为节能的方式是尽可能多地利用低温毛细管辐射采暖系统进行采暖（水温大于 28 ℃）,不能满足需求时,利用该低温水进行太阳能辅助空气源热泵系统采暖（水温大于 10 ℃）,不足部分由空气源热泵补充。

7.2　展望

（1）完善集热、放热运行规律研究:为了针对集热器和日照规律进行适应性运行方案设计,有必要进行集热过程中水温、日照、流量等多参数耦合分析。

（2）建立系统的多热源能量模型:依据已有的双热源、双末端系统,建立三热源或多热源、多末端组合系统,以充分利用可再生能源作为主要目标,建立系统模型库。

（3）采用信息库及大数据反馈：依据实验和模拟进行大数据分析，给出多末端、多热源特性分析，依据大数据库，给出多模式组合建议，为合理设计采暖系统提供依据。